ISBN 978-3-662-28023-2   ISBN 978-3-662-29531-1 (eBook)
DOI 10.1007/978-3-662-29531-1

(Aus dem Zoologischen Institut der Universität Köln a. Rh.)

UNTERSUCHUNGEN ZUR ENTWICKLUNGSPHYSIOLOGIE DER INSEKTENMETAMORPHOSE.

ÜBER DIE PUPPENHÄUTUNG DER WACHSMOTTE GALLERIA MELLONELLA L.

Von

Hans Piepho.

Mit 12 Textabbildungen (70 Einzelbildern).

(Eingegangen am 12. November 1941.)

Inhalt.

I. Einleitung.

Unter den Arbeiten über die Physiologie der Häutungen, welche die Lepidopteren während ihrer postembryonalen Entwicklung durchmachen, nehmen Untersuchungen über die Entwicklungsphysiologie der Puppenhäutung einen großen Raum ein. Am *Schwammspinner*, an der *Mehlmotte* und an *Schwärmern* ließ sich in Schnürungsversuchen zeigen, daß der Eintritt des Häutungsvorgangs, welcher aus der erwachsenen Raupe die ganz anders gestaltete Puppe hervorgehen läßt, bis zu einer bestimmten Zeit am Anfang des Vorpuppenstadiums, einer *kritischen Periode*, von Funktionen des Gehirns abhängig ist. Vor der kritischen Periode enthirnte, an sich zur Puppenhäutung unfähige Raupen konnten durch orthotope und heterotope Wiedereinpflanzung von Gehirnen zur Puppenhäutung angeregt werden. Daraus wurde geschlossen, daß die Puppenhäutung während der kritischen Periode durch einen Gehirnwirkstoff ausgelöst wird. Eine Bedeutung der am Gehirn liegenden, inkretorischen Corpora allata für die Puppenhäutung ergab sich nicht (KOPEC 1922, CASPARI u. PLAGGE 1935, KÜHN u. PIEPHO 1936, PLAGGE 1938). Aus Schnürungsversuchen, welche BOUNHIOL später (1938) veröffentlichte, geht hervor, daß sich bei der Raupe von *Bombyx mori* der Gehirnwirkstoff sehr langsam caudalwärts ausbreiten müßte, wenn er *unmittelbar* die Puppenhäutung auslösen würde. BOUNHIOL hält es aus diesem Grunde für wahrscheinlich, daß die *direkte* Auslösung der Puppenhäutung nicht vom Gehirn aus erfolgt. Kürzlich hat nun FUKUDA (1940a) mitgeteilt, daß er durch Transplantation der Prothoraxdrüsen, welche lateral in der Nähe der Stigmen liegen, abgeschnürte Testhinterkörper der Seidenraupe zur Puppenhäutung anregen konnte. Die Befunde von BOUNHIOL und FUKUDA widersprechen den Ergebnissen der obengenannten Autoren nicht. Wohl aber komplizieren sie die bisherigen Vorstellungen über die humorale Bewirkung der Puppenhäutung. Es ist jetzt möglich, daß die Prothoraxdrüsen nur den Gehirnwirkstoff speichern, um ihn dann abzugeben. Es könnte aber auch sein, daß der Wirkstoff des Gehirns einem Stoff der Prothoraxdrüsen, welcher die Puppenhäutung unmittelbar auslöst, übergeordnet ist. Im letzteren Falle würden Beziehungen ähnlich jenen zwischen dem thyreotropem Hormon der Hypophyse und dem Thyroxin der Schilddrüse bestehen.

An der *Großen* und *Kleinen Wachsmotte*, sowie dem Spanner *Ptychopoda seriata* SCHRK. konnte auf anderem Wege die Existenz eines nicht artspezifischen Wirkstoffs, welcher die Häutung zur Puppe auslöst, aufgezeigt werden. Implantiert man Hautstücke von Spendern beliebigen Raupenstadiums homoioplastisch oder heteroplastisch in die Leibeshöhle von Raupen letzten Stadiums, so schließen sich die Implantate in charakteristischer Weise zu Bläschen. Die Bläschen häuten sich in völligem Gleichschritt mit den Wirten zum pupalen Zustand. Diese Reaktion der Implantate läßt sich nicht anders als mit der Existenz eines nicht artspezifischen, die Puppenhäutung auslösenden Wirkstoffs erklären (PIEPHO 1938a, b).

Ausgehend von der Erkenntnis, daß sich nur unter Heranziehung chemischer Methoden entscheiden läßt, ob die Verpuppung durch einen einheitlichen Wirkstoff oder durch ein Wirkstoffsystem ausgelöst wird, schritten BECKER und PLAGGE zur chemischen Aufarbeitung des Verpuppungs-Wirkstoffs. BECKER (1941) stellte dann aus Jungpuppen

von *Calliphora*, *Galleria* und *Tenebrio* hochwirksame Präparate eines
nicht artspezifischen Wirkstoffs her, welcher einen Teilprozeß der Verpuppung, nämlich die Puparisierung der Kutikula auslöst. Die typische
Wirkung dieses Wirkstoffs der Puparisierung gewährleisten bei der
Wachsmotte aber erst vorbereitende, nach Kühn u. Piepho (1938) ebenfalls humoral bedingte Hypodermisprozesse. Demnach ist anzunehmen,
daß bei den *Lepidopteren* nicht ein einheitlicher Wirkstoff, sondern ein
Wirkstoffsystem für den Eintritt und den Ablauf der Puppenhäutung
verantwortlich ist.

Ein erstes Eindringen in die Wirkungsart des Wirkstoffsystems der
Puppenhäutung und die Reaktionsweise der Hypodermis ermöglichten
Durchschnürungsversuche an Ganzlarven und weitere Implantationsexperimente mit Hautstücken. Mit Hilfe der Schnürung in verschiedenen Körperabschnitten während der kritischen Periode der Puppenhäutung konnte erreicht werden, daß bei Mehlmottenraupen unterschiedliche Mengen der Wirkstoffe der Puppenhäutung in den hinteren Körper-
teil gelangten. Die Folge war, daß auf die kleinste wirksame Inkretmenge bestimmte empfindlichste Hypodermisbezirke mit Teilprozessen
der Puppenhäutung reagierten, während weniger empfindliche Bezirke
dieses Epithels keine Reaktion zeigten. Mit fortschreitend gesteigerter
Wirkstoffmenge machten die empfindlichsten Bezirke eine immer typi-
schere, schließlich eine völlig typische Häutung zur Puppe durch, während
gleichzeitig immer weniger empfindliche Hypodermisbereiche in der
gleichen Abfolge von den Prozessen der Puppenhäutung ergriffen wurden.
Daraus folgt, daß die hypodermalen Prozesse der Puppenhäutung
„weder an der Hypodermis als einem im ganzen reagierenden System,
noch an den einzelnen Hypodermisbezirken als einheitlicher, einmal in
Gang gesetzter Vorgang ablaufen" (Kühn u. Piepho, 1938, S. 39).

Dieser Versuch entschied noch nicht, ob die hypodermalen Prozesse
der Puppenhäutung bis zu ihrer Beendigung von einem dauernd oder
rhythmisch erfolgenden Zustrom der Wirkstoffe der Puppenhäutung
abhängig sind, oder ob sie schon vorher unabhängig von diesem zu Ende
laufen. Um hierauf zu prüfen, wurden Hautstücke vor, während und
nach der kritischen Periode aus Spenderraupen entnommen, in enthirnte
jüngere Raupen letzten Stadiums implantiert und auf ihre autonomen
Differenzierungsleistungen in Richtung auf die Puppenhäutung geprüft. Es ergab sich, daß die Hypodermis während der kritischen Periode
auf die Wirkstoffe der Puppenhäutung im Sinne einer immer voll-
kommeneren Determination zur Puppenhäutung reagiert, um bei Beendigung der kritischen Periode völlig determiniert zu sein (Piepho 1939).
Diese Ergebnisse stimmen mit denen Beckers (1941) gut überein.

Ein weiteres Eindringen in die Physiologie der Häutung zur Puppe
wurde durch die Feststellung ermöglicht, daß diese Häutung durch
einen formbildenden Wirkstoff der Corpora allata jüngerer Raupen

ganz oder teilweise zugunsten überzähliger Raupenhäutungen hemmbar ist. Werden nämlich Corpora allata jüngerer Raupen in Wirte implantiert, welche am Ende des vorletzten oder am Anfang des letzten Raupenstadiums stehen, so verursacht ein von ihnen abgegebenes Inkret, daß sich die Wirtsraupen anstatt zu Puppen zu völlig typischen Raupen häuten. Auf die überzählige Raupenhäutung kann noch eine weitere überzählige Raupenhäutung und schließlich eine Puppenhäutung der inzwischen sehr stark herangewachsenen Versuchstiere erfolgen. Die Puppen liefern dann übergroße Falter. Kommt hingegen das Inkret jüngerer Corpora allata erst in Wirtsraupen zur Wirkung, welche sich bereits dem Ende des letzten Raupenstadiums nähern, aber noch nicht in die kritische Periode der Puppenhäutung eingetreten sind, so bewirkt es nur noch, daß sich die Wirte sehr oft anstatt zu typischen Puppen zu Puppen mit einer Einsprengung von Raupenkutikula an der Operationsstelle oder, mehrmals hintereinander, zu Individuen häuten, welche in eigenartigen Mischungsverhältnissen larvale und pupale Merkmale nebeneinander aufweisen. Eine sehr starke Erhöhung der Wirkstoffmenge hat höchstens zur Folge, daß sämtliche Wirte ihr letztes Raupenstadium mit einer Häutung zu einer solchen *Mischform von Raupe und Puppe* beenden. Aus diesem Ergebnis wurde geschlossen, daß die Larve am Ende des letzten Raupenstadiums, kurz vor der kritischen Periode der Puppenhäutung, schon eine Determination zur Puppenhäutung erfahren hat, noch keine solche aber im Anfang des letzten Raupenstadiums. In der Raupe ist demnach schon zu einer Zeit eine Determination zur Puppenhäutung vorhanden, in welcher die Raupen-*Hypodermis* noch keine derartige Determination aufweist! Auf Grund dieser Befunde wurde die folgende Vorstellung über die Physiologie der Puppenhäutung normaler Raupen entwickelt. Schon frühzeitig während des letzten Raupenstadiums setzt die Abgabe der Wirkstoffe der Puppenhäutung und damit die Determination der Raupe zur Puppenhäutung ein. Die Wirkstoffe nehmen im Körper der Raupe an Menge zu und erreichen während der kritischen Periode eine Konzentration, bei welcher sich die Determination der Hypodermis zur Puppenhäutung vollzieht. Wird nun der Corpora allata-Wirkstoff, welcher die Puppenhäutung zugunsten der Raupenhäutung hemmt, schon zu Beginn des letzten Raupenstadiums in den Organismus eingeführt, so resultieren aus seinem Übergewicht über die Wirkstoffe der Puppenhäutung überzählige Raupenhäutungen. Erfolgt dagegen seine Einführung erst gegen Ende des letzten Raupenstadiums, aber noch vor der kritischen Periode der Puppenhäutung, so ist das Mengenverhältnis der Wirkstoffe mehr zugunsten der Puppenhäutung auslösenden Wirkstoffe verschoben. Daher erfolgen sehr oft Häutungen zu Mischformen von Raupe und Puppe (PIEPHO 1940). Die vorliegende Arbeit geht von einer Untersuchung der Frage aus, ob sich die Determination des Raupenkörpers zur Puppen-

häutung während des letzten Raupenstadiums allmählich oder sprunghaft vollzieht. Voraussetzung für diese Untersuchung war eine vergleichend morphologische Betrachtung und Klassifizierung der normalen erwachsenen und der überzählig gehäuteten Raupen, der Mischformen von Raupe und Puppe, der Puppen mit einer Einsprengung von
Raupenkutikula und der normalen Puppen. Dieser vergleichend morphologische Teil, welcher zu einer Erörterung der physiologischen Grundlagen der Metatelie bei Lepidopteren führt, ist dem eigentlich experimentellen Teil vorangestellt. Den Schluß bildet eine Untersuchung der
Frage, in welchen Lebensabschnitten die Corpora allata den Wirkstoff
abgeben, welcher die Puppenhäutung zugunsten der Raupenhäutung
hemmt.

Die Arbeit verfolgt das Ziel, weiter in die Entwicklungsphysiologie
der Metamorphose, speziell die der Puppenhäutung einzudringen. Darüber
hinaus stellt sie einen Beitrag dar für den sicherlich dereinst möglichen
Versuch, im Zusammenhang mit den einschlägigen Untersuchungen an
heterometabolen Insekten das Problem der Entstehung der Holometabolie außer von der vergleichend morphologischen auch von der vergleichend physiologischen Seite her in Angriff zu nehmen.

II. Vergleichende morphologische Betrachtung der Raupe, der Puppe und der Mischformen von Raupe und Puppe.

A. Die Mundteile.

Im folgenden werden zunächst die Mundteile von normalen erwachsenen Raupen, normalen Puppen und Mischformen von Raupe und
Puppe in großen Zügen vergleichend morphologisch behandelt. Die Betrachtung berücksichtigt nur das äußere Skelet.

Bis zum Erscheinen der „Vergleichend morphologischen Studien über die
Mundgliedmaßen von Schmetterlingsraupen" von ENGEL (1927), welche 56 Arten
aus 13 Familien von Groß- und Kleinschmetterlingen berücksichtigen, war die
Nomenklatur der Mundteile von Lepidopterenraupen recht uneinheitlich und un-
klar. ENGEL hat in seiner Arbeit eindeutige Benennungen verwendet, welchen
hier gefolgt ist. Die Einfachheit der pupalen Mundteile ließ eine größere Unein-
heitlichkeit in der Bezeichnung nicht aufkommen.

Zunächst sind die Mundteile der erwachsenen Raupe letzten Stadiums (Abb. 1a) zu besprechen.

Der Kopf der Raupe ist nur wenig gegenüber dem Rumpf nach ventral abgewinkelt. Die Kopfhaltung ist somit als prognath zu bezeichnen. Bei Betrachtung einer Raupe von der Ventralseite erscheinen demnach auch die Mundteile
in Ventralansicht. So sind sie in Abb. 1a dargestellt.

Die Raupenmundteile setzen sich zusammen aus den beiden Man-
dibeln (Oberkiefern), den beiden Maxillen (Unterkiefern), dem Labium
(Unterlippe), dem Labrum (Oberlippe), dem Hypopharynx und dem
Epipharynx.

Die äußerst kräftig kutikularisierten, ungegliederten Mandibeln (Mand) sind beiderseits in die Kopfkapsel eingelenkt. Medial tragen sie mehrere starke Zähne, welche in der Abbildung nur zum Teil zu erkennen sind. Wie die Mandibeln, gleichen sich auch die Maxillen spiegelbildlich. Die kleine dreieckige Cardo (Card) = Angelstück grenzt als Basalteil der Maxille an die Kopfkapsel. In der Abbildung erscheint sie in starker Verkürzung. An die Cardo schließt sich der Stipes (Stip) = Stamm an. Dieser grenzt medial vermittels einer stark sklerotisierten Längsrippe an das Submentum (Subm), lateral mit einer recht schwachen Rippe an die Kopfkapsel. Über den Stipes zieht eine Querrippe, welche sich medial stark verbreitert. Oberhalb und unterhalb der Querrippe inseriert je ein Haar. Im übrigen ist der Stipes häutig. Dem Stipes sitzt der nicht geschlossene Gürtel des Palparium maxillare (Palpar max) = Kiefertaster-Träger mit einem Haar an seinem oberen Rande auf. Auf ihn folgt der gleichfalls nicht geschlossene Ring des ersten Gliedes des Kiefertasters (Palp max). Lateral trägt dieses Glied die ringförmig geschlossenen zweiten und dritten Tasterglieder, medial das Lobarium = Ladenträger. Die beiden Laden (Lobus internus = Innenlade, Lobus externus = Außenlade), welche zusammen mit mehreren Sinnesborsten auf der Kuppe des Lobarium stehen, sind bei der angewendeten Vergrößerung nicht zu erkennen. Das Labium (Unterlippe) ist ein unpaares Gebilde, dessen spiegelbildliche · Differenzierungen die paarige Anlage erkennen lassen. Das Basalglied, als Submentum (Subm) bezeichnet, wird durch den Kehlenteil der Kopfkapsel sowie die Cardines und Stipites der Maxillen begrenzt. Das Submentum trägt ein Sklerit, welches etwa die Form einer gestielten Schaufel aufweist, und beiderseits der Schaufelschneiden je eine weitere Kutikularplatte. Lateral vom Ansatz des Schaufelstieles steht je ein Haar. Im übrigen ist das Submentum häutig. Mundwärts schließt sich an das Submentum der nicht geschlossene Gürtel des Mentum (Ment). Dem oberen Mentumrand sitzen die paarig erscheinenden Palparia labialia (Palpar lab) = Lippentaster-Träger auf. Jedes Palparium labiale trägt einen Palpus labialis (Palp lab) = Lippentaster, an welchem in der Abbildung der geringen Vergrößerung halber keine Einzelheiten zu erkennen sind. Zwischen den Palparia labialia liegt als geschlossener, stärkerer Ring der Spindelträger. Er trägt die Spindel (Spinnröhre, Spinnwarze), an deren Spitze der Ausführungsgang der Seidendrüsen mündet. Einzelheiten sind auch an der Spindel und am Spindelträger nicht zu erkennen. An das Mentum mit seinen labialen Anhängen (Palparia labialia, Palpi labiales, Spindelträger und Spindel) schließt sich mundwärts der Hypopharynx (Hyp). Er besitzt einen mittleren und zwei seitliche Längswülste. Das Labrum (Lbr) = Oberlippe stellt einen unpaaren, doppelwandigen Anhang des Clypeus (Clyp) = Kopfschild dar. Seine Außenwand ist sklerotisiert und trägt eine Anzahl von Haaren, seine Innenwand ist häutig. Sie geht in den Epipharynx über.

Den in Abb. 1a dargestellten Mundteilen der erwachsenen Raupe gleichen die Mundteile von Versuchstieren, welche sich auf Grund der Implantation jüngerer Corpora allata am Ende des vorletzten oder am Anfang des letzten Raupenstadiums anstatt zu Puppen zu Raupen

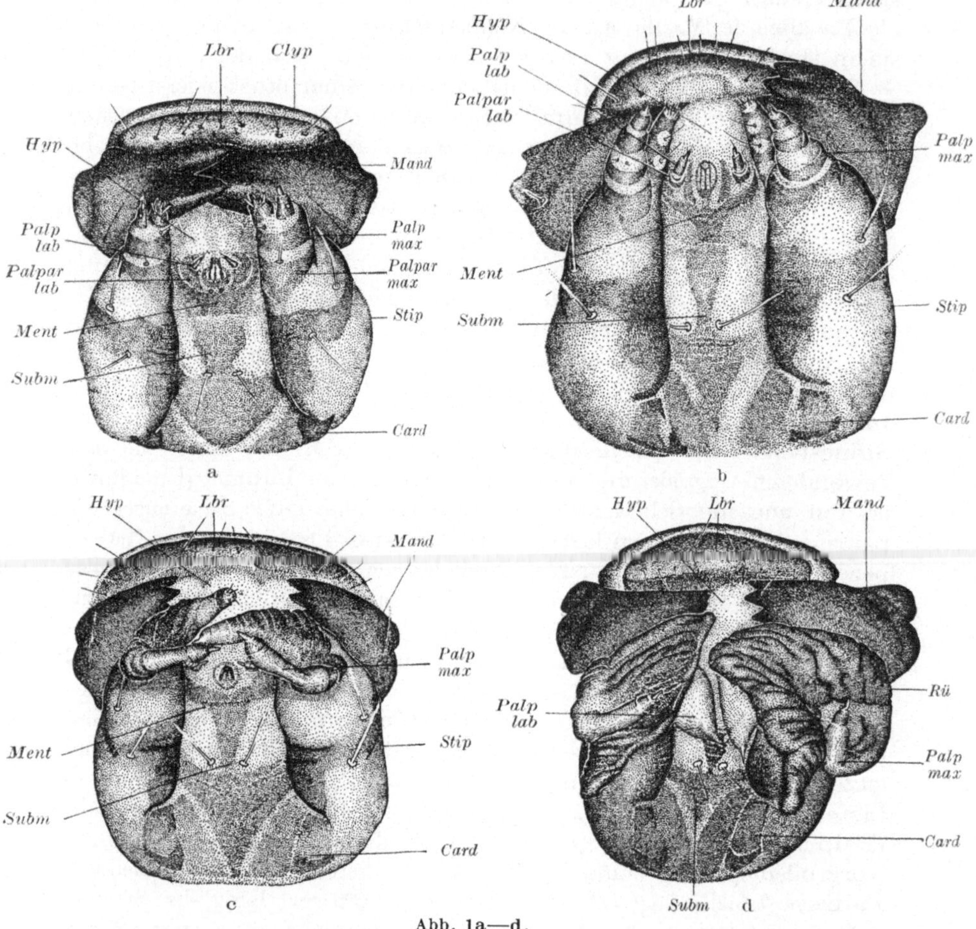

Abb. 1a—d.

häuteten. Allerdings sind die Mundteile dieser überzählig gehäuteten Raupen im Mittel größer als die Mundteile normaler erwachsener Larven. Abb. 1f gibt die Mundteile einer normalen, frisch gehäuteten Puppe bei etwas schwächerer Vergrößerung wieder.

Der Puppenkopf ist im Gegensatz zum Raupenkopf derartig stark ventralwärts gegen den Rumpf geneigt, daß seine Mundteile dem Körperstamm dicht anliegen. Diese Kopfhaltung wird als hypognath bezeichnet. Bei Betrachtung der Puppe von ventral (Abb. 1f) erscheinen demnach die Mundteile nicht in Ventralansicht, wie die Raupenmundteile bei entsprechender Betrachtung, sondern in Dorsalansicht. Bei frisch gehäuteten Puppen liegen die Anhänge noch vollkommen frei. Sie sind deshalb besonders gut zu erkennen. In der Folge erst werden sie gänzlich gestreckt und in gesetzmäßiger Weise eng aneinander gelegt. Die zwischen ihnen verbleibenden Spalten sind von Exuvialflüssigkeit erfüllt, welche schnell

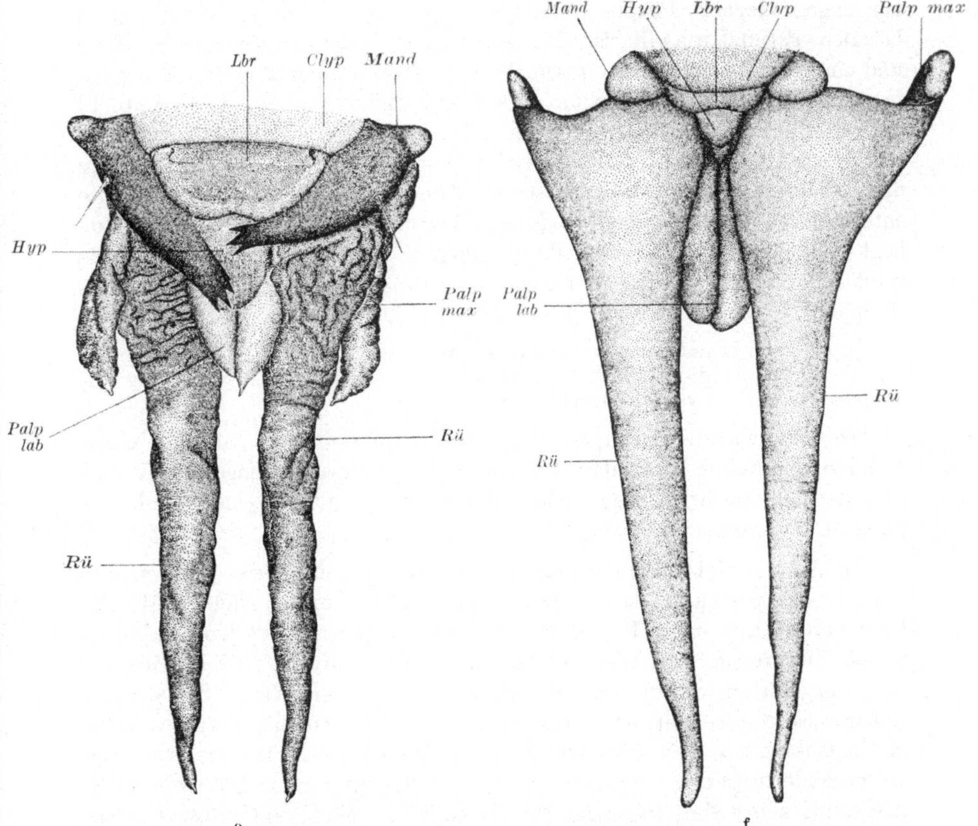

Abb. 1a—f. Die Mundteile der erwachsenen Raupe, der Mischformen von Raupe und Puppe und der Puppe. a die Mundteile der Raupe, b—e die Mundteile von fortschreitend puppenähnlicheren Mischformen, f die Mundteile der Puppe. Abkürzungen s. Text. a—e Vergr. 30 ×, f 20 ×.

erhärtet. Währenddessen geht die Bildung der Endokutikula und die Inkrustierung der Exokutikula vor sich (vgl. Kühn und Piepho 1938). Auf diese Weise werden bestimmte oberflächliche Bereiche der Puppenmundteile in das Mosaik des Puppenpanzers einbezogen, aus dem heraus sie dann ohne Verletzung nicht mehr gelöst werden können.

Der stark kutikularisierten, mit Zähnen versehenen, großen Raupenmandibel entspricht eine größtenteils zarthäutige, zahnlose, kleine Puppenmandibel (Mand), welche nur in jenem Bereich, der in den Puppenpanzer eingefügt ist, eine stärkere Kutikularisierung aufweist. Die

Puppenmandibel stellt die Scheide dar, innerhalb deren sich die rudimentäre imaginale Mandibel entwickelt. Der große Puppenrüssel besteht aus zwei Hälften (Rü), deren jede einer Außenlade der larvalen
Maxille entspricht. Seitlich an der Basis jeder Rüsselhälfte sitzt
ein ungegliederter Palpus maxillaris (Palp max). Er entspricht dem
larvalen Palpus maxillaris. Die Außenwand der Puppenrüsselhälften
und ein Wandbezirk des pupalen Palpus maxillaris sind in den Puppenpanzer eingefügt und demzufolge kutikularisiert. Sie sind in Abb. 1 f
dem Betrachter zugewendet. Im übrigen liegen Puppenrüssel und
Palpus maxillaris unter der Oberfläche und sind im Zusammenhang
damit häutig. Beide Anhänge stellen Scheiden dar, in denen sich die
entsprechenden imaginalen Mundteile entwickeln. Das Labium der Puppe
liegt vollkommen unter dem Puppenpanzer und ist völlig häutig. Es
trägt als einzige Anhänge die großen ungegliederten Palpi labiales
(Palp lab), in denen sich die imaginalen Labialpalpen entwickeln.

Um die Palpi labiales sichtbar zu machen, wurden in dem der Abb. 1 f zugrunde
liegenden Präparat die Hälften des Puppenrüssels, welche normalerweise eng an-
einanderschließen, etwas auseinandergelegt.

Die Außenwände des pupalen Clypeus *(Clyp)* und des pupalen Labrum
(Lbr) sind, stärker kutikularisiert, in den Puppenpanzer eingefügt (beide
sind dem Betrachter zugewandt). Das gleiche gilt für einen Teil des
pupalen Hypopharynx *(Hyp)*.

Die Abb. 1 b ist nach den Mundteilen eines Versuchstieres gezeichnet,
welches sich anstatt zur Puppe zu einer sehr raupenähnlichen Mischform von Raupe und Puppe häutete, die bei prognather Kopfstellung
pupale Merkmale vor allem an den Antennen aufwies. Die Mundteile
waren gegenüber denen der erwachsenen Raupe vergrößert. Sie wiesen
stellenweise gegenüber den Raupenmundteilen Abänderungen auf, welche
im Gegensatz zu den Abänderungen der Antennen nicht ohne weiteres
als Veränderungen in pupaler Richtung erkannt werden konnten. Die
Abbildung zeigt das folgende: Die Mandibeln (Mand) sind ihrer Größe,
Form und Kutikularisierung nach vollkommen larval gebildet, ebenso
das Labrum (Lbr). Was die Maxille anbetrifft, so gleicht ihre Cardo
(Card) derjenigen der Raupe. Das gleiche gilt für den Stipes (Stip). Er
grenzt wie bei Raupen medial mit einer stärkeren Längsrippe an das
Submentum (Subm), lateral mit einer schwachen Längsrippe an die
Kopfkapsel; ferner besitzt er die larvale Querrippe mit den beiden
Haaren am oberen und unteren Rande. Indessen trägt der Stipes Anhänge, welche ein völlig anderes Aussehen bieten als die Stipesanhänge
der Raupe. Lateral inseriert ein deutlich viergliedriger Palpus maxillaris
(Palp max), medial ein etwa gleichlanger Anhang, welcher ventromedial
zwei Haare, distal auf seiner Kuppe die larvale Innen- und Außenlade
sowie die Sinnesborsten trägt. Diese Ausbildung des distalen Abschnittes

der Maxille wird verständlich, wenn man annimmt, daß sie durch eine Aufgliederung der larvalen Stipesanhänge zustande gekommen ist. Der untere Abschnitt des Labium, das Submentum (Subm) ist völlig larval. Es trägt die schaufelförmige Platte stärkerer Kutikula und seitlich der Schaufelschneide die beiden Kutikularplatten. Beiderseits des Ansatzes des Schaufelstieles steht je ein Haar. Auch das Mentum (Ment) gleicht dem der Larve. Von den Anhängen des Mentum erscheinen Spindelträger und Spindel als larval. Das Palparium labiale ist dagegen im Vergleich zu dem der Larve seitwärts verschoben und verkleinert. Der ihm aufsitzende Palpus labialis (Palp lab) ist um ein Glied, welches seine Entstehung ebenfalls einem Aufgliederungsvorgang verdanken könnte, verlängert. Rein larval ist der mundwärts sich anschließende Hypopharynx (Hyp). Mundteile von Mischformen, welche in dieser Weise den Larvenmundteilen gegenüber abgeändert waren, wurden in recht großer Anzahl erhalten.

Die Mundteile der Abb. 1c stammen von einer Mischform, welche im ganzen schon puppenähnlicher war als die von 1b. Die Kopfhaltung war prognath wie bei Raupen. Das Labrum (Lbr) und die Mandibeln (Mand) sind larval ausgebildet, ebenso die Cardo (Card) und der Stipes (Stip) der Maxille. Die Umwandlung der Stipesanhänge aber ist weiter gegangen als im Falle der Abb. 1b. Der Palpus maxillaris (Palp max) ist als lateraler Anhang des Stipes nach wie vor viergliedrig, indessen ist sein zweites Glied außerordentlich verlängert. Der mediale Stipesanhang ist von seiner Basis her bedeutend kräftiger und länger geworden. Die Kutikula ist hier sehr dick und mit zahlreichen Falten und Auswüchsen versehen. Sie bietet das gleiche Aussehen wie die Kutikula von Anhängen, welche bei der Häutung zur Puppe aus mechanischen Gründen nicht gestreckt werden konnten, trotzdem aber eine Puppenkutikula von typischer Struktur und Inkrustierung ausbildeten. Der basale Abschnitt des medialen Stipesanhanges ist nun in Hinsicht auf seine Gestalt und Struktur als eine ausgesprochen pupale Bildung aufzufassen. Er stellt, wie die folgenden Abbildungen beweisen, nichts anderes dar, als ein Stück einer Puppenrüsselhälfte. Dieses geht distal in einen schwächer kutikularisierten Abschnitt über, auf dessen häutiger Kuppe die beiden larvalen Laden nebst den Sinnesborsten stehen. Die Vergrößerung reicht nicht aus, um in der Abbildung Einzelheiten erkennen zu können. Was das Labium anbetrifft, so geht aus dem Vergleich der Abb. 1c mit den Abb. 1a und 1b ohne weiteres hervor, daß das Submentum und das Mentum vollkommen larval gebildet sind. Von den Anhängen des Mentum sind Spindelträger und Spindel larval ausgeprägt. Am Palparium labiale und Palpus labialis sind ähnliche Umwandlungen zu beobachten wie in 1b. Der Hypopharynx ist larval. Bei zahlreichen Mischformen waren die Mundteile den in 1c abgebildeten gleich oder sehr ähnlich.

Abb. 1d gibt die Mundteile einer Mischform wieder, welche in vielen Merkmalen schon sehr puppenähnlich war. Die Kopfhaltung vermittelte zwischen der larvalen prognathen und der pupalen hypognathen, sie war orthognath. Als larval erscheinen die Oberlippe und die Mandibeln. Die Abbildung läßt an den Maxillen eine larvale Cardo erkennen. Der Stipes der Maxille ist beiderseits zum größten Teil verdeckt. Er ist zwar noch mit den larvalen Kutikularversteifungen und Haaren versehen, diese sind aber zarter ausgebildet als bei Raupen. Die Umbildungen an den Anhängen des Stipes sind weiter gegangen. Der Palpus maxillaris ist mit Ausnahme seines distalen Abschnitts, welcher noch die larvale Gliederung und Kutikularisierung zeigt, häutig wie bei der Puppe. Er inseriert als lateraler Stipesanhang an der Basis des medialen Stipesanhanges. Letzterer ist zu einem langen, flachen, nach seinem Ende zu verschmälerten Gebilde herangewachsen, welcher dem Stipes mit sehr breiter Basis aufsitzt. Der mediale Stipesanhang ist mit einer starken, dunklen Kutikula bekleidet und weist infolge mangelhafter Streckung zahlreiche Falten, Runzeln und Warzen auf. Er gleicht damit weitgehend der Rüsselhälfte einer normalen Puppe, welche bei der Puppenhäutung nicht gestreckt werden konnte. Allerdings erreicht er bei weitem nicht die Länge solcher pupaler Rüsselhälften. An seiner Spitze trägt er Andeutungen der larvalen Laden und Sinnesborsten. Es kann kein Zweifel darüber bestehen, daß dieser mediale Stipesanhang eine pupale Rüsselhälfte vorstellt, welche distal schwach larvale Differenzierungen trägt. Er ist daher auch als Rüsselhälfte (Rü) bezeichnet. Das Submentum erscheint larval; allerdings ist es mit schwächeren Kutikularplatten versehen als jenes der Larve. Das gleiche gilt für das Mentum. Auch der Spindelträger und die Spindel gleichen in ihrer Form den entsprechenden Differenzierungen der Raupe. Sie sind in der Abbildung durch die beiden außerordentlich stark herangewachsenen Palpi labiales verdeckt. Diese sind häutig wie bei Puppen und vollständig gestreckt. Die Größe der pupalen Labialpalpen erreichen sie indessen nicht. An ihrem distalen Ende laufen sie in einen dornförmigen Fortsatz aus, welcher an den larvalen Palpus erinnert. Ohne Zweifel sind auch diese Palpi labiales vorwiegend pupale Gebilde mit schwach larvalen Merkmalen. Unter den erhaltenen Mischformen weisen zahlreiche Exemplare den durch Abb. 1d veranschaulichten Zustand der Mundteile auf.

Das Versuchstier, nach dessen Mundteilen die Abb. 1e hergestellt wurde, war schon außerordentlich puppenähnlich. Seine Kopfstellung war hypognath wie die der Puppe. Die Oberlippe, welche in den bisherigen Fällen larval erschien, zeigt nun infolge der Rückbildung ihrer Haare Ähnlichkeit mit dem pupalen Labrum. Die Mandibeln, welche in den bisherigen Fällen Raupenmandibeln glichen, sind hier länger und schmaler als diese und tragen nur schwache Zähne. Infolge der hypognathen Kopfstellung und der daraus sich ergebenden Bedeckung durch darüberliegende Mundteile sind Cardo und Stipes der Maxillen in der Abbildung nicht zu sehen. Sie weisen zwar noch Reste der larvalen Sklerite auf, diese sind jedoch recht zart und besonders von ihren Rändern her in zahlreiche größere und kleinere Inseln aufgelöst. Cardo und Stipes sind also dem pupalen Zustand angenähert. Die beiden Rüsselhälften (Rü) sind außerordentlich verlängert, erreichen jedoch nicht die Länge des pupalen Rüssels, obwohl sie, besonders im distalen Abschnitt, gut gestreckt sind. An ihren Spitzen tragen sie einen kleinen Fortsatz, welcher eine der beiden larvalen Laden andeutet. Lateral inseriert jederseits an der breiten Rüsselbasis ein recht großer, wie bei Puppen häutiger Palpus maxillaris. Er läuft distal in einem Fortsatz aus, welcher ein schwach larvales letztes Palpusglied darstellt. Die Palpi labiales sind herangewachsen, ohne jedoch die Größe der Puppenpalpen erreicht zu haben. Sie weisen noch an ihrem Ende einen kleinen larvalen Fortsatz auf. Spindelträger und Spindel, lediglich in schwach larvaler Ausprägung erhalten, werden von den Palpi labiales völlig überdeckt. Der Hypopharynx besitzt in seiner etwas stärkeren Kutikularisierung ein pupales Merkmal. Mischformen, deren Mundteile ebenso puppenähnlich wie die in 1e dargestellten waren, wurden mehrfach erhalten.

Es standen nun nicht nur in zahlreichen, den abgebildeten Versuchstieren gleichen oder sehr ähnlichen Mischformen voneinander noch einigermaßen entfernte Zustände zwischen Raupe und Puppe zur Verfügung, sondern auch in großer Anzahl Individuen, welche in allen Übergängen Stufen zwischen diesen Zuständen besetzten. Das gesamte, Hunderte von Tieren zählende Material erlaubte es, *an jedem Mundteil* lückenlos festzustellen, wie sich *im einzelnen* bei den Mischformen der Übergang vom larvalen zum pupalen Zustand vollzieht. Das Ergebnis dieser Untersuchung wird im folgenden geschildert.

1. Die Maxillen. Wie oben (S. 505) dargelegt wurde, besteht die Maxille der normalen Raupe aus der Cardo, dem Stipes, dem Palparium maxillare, dem dreigliedrigen Palpus maxillaris und dem Lobarium mit den beiden Laden. Hier soll an Hand der Abbildungen nur der distale Maxillenabschnitt der Raupe, der Puppe und der Mischformen besprochen werden. Der proximale Abschnitt bietet geringere Besonderheiten; diese können, soweit sie nicht schon erwähnt wurden, im Text abgehandelt werden.

Abb. 2a stellt den Endabschnitt der linken Maxille einer erwachsenen Raupe in Ventralansicht dar. Distal an den Stipes, dessen Bau ebenso wie jener der Cardo durch Abb. 1a veranschaulicht wird, schließt sich das Palparium maxillare (Palpar max) an. Es ist durch einen breiten, stark kutikularisierten Gürtel gekennzeichnet, welcher mediodorsal geöffnet ist. Am oberen Rande des Palparium steht, fast schon immer im häutigen Bereich, ein großes Haar (H 1). Dem Palparium sitzt unter

Einschaltung eines häutigen Zwischenstücks der dreigliedrige Palpus
maxillaris auf. Sein erstes Glied (Palp max Gl 1) ist an einem schmäleren,
gleichfalls offenen, sklerotisierten Gürtel kenntlich. Unweit seines
medialen Randes inseriert im häutigen Bereich ein zweites Haar (H 2).
Distal folgt auf das erste Palpusglied ein breites membranöses Zwischenstück, aus welchem sich lateral das zweite Glied des Palpus maxillaris
(Palp max Gl 2) erhebt. Dieses hat die Form eines steilen Kegelstumpfes
und ist in seinem gesamten Umfang kutikularisiert. Ventral ist deutlich eine Sinnesgrube (Sgr Palp) zu erkennen. Wiederum auf ein häutiges Zwischenstück folgt das dritte Glied des Palpus maxillaris (Palp
max Gl 3). Es hat die Form eines wenig flacheren Kegelstumpfes und
trägt ringsum eine sklerotisierte Kutikula. Auf der häutigen Kuppe des
dritten Palpusgliedes steht eine Gruppe von 6—8 kleinen, blassen Sinneskegeln (EK). Aus dem häutigen Zwischenstück zwischen dem ersten und
zweiten Palpusglied erhebt sich das Lobarium (Lob). Es inseriert medial,
etwas dorsal vom zweiten Palpusglied. Das Lobarium ist von seiner
Ventralseite her durch ein nicht geschlossenes Sklerit umgeben, in welches
ventral eine Sinnesgrube (Sgr) eingesenkt ist. Die häutige Kuppe des
Lobarium trägt zahlreiche Differenzierungen. Ungefähr auf ihrer höchsten
Erhebung stehen die beiden Laden. Sowohl an der Innenlade (Lobus
internus = Lob int) als auch an der Außenlade (Lobus externus = Lob
ext) ist ein lang röhrenförmiges, sklerotisiertes Basalstück und ein
kleines, zartes, lanzettliches Endstück erkennbar. Weiterhin stehen
auf der häutigen Kuppe des Lobarium dorsal von den beiden Laden
drei Sinnesborsten von charakteristischer Gestalt. Die am weitesten
medial inserierende Sinnesborste (Sb 1) ist von etwa doppelter Länge
der Lade. Sie weist die Form einer Lanzette auf, welche in der Region
ihrer stärksten Verbreiterung seitlich abgebogen ist. Die zweite (mittlere) Sinnesborste (Sb 2) ist ebenfalls lanzettlich, aber kürzer und
wenig oder gar nicht gebogen. Die dritte Sinnesborste (Sb 3) hat
mehr die Form eines kurzen geraden Sinneshaares. Außer diesen drei
Sinnesborsten sitzen drei kleine Sinneszapfen auf der Kuppe des Lobarium. Einer von ihnen ist gegliedert, die beiden übrigen sind un-
gegliedert. Der gegliederte Zapfen (Sz 2) inseriert ungefähr zwischen
Lobus internus und Lobus externus. Er läßt ein kurzes Basalstück und
einen aufsitzenden Fortsatz von etwa halber Ladenlänge erkennen. Die
beiden ungegliederten Zapfen (Sz 1, Sz 3) befinden sich dorsal von den
beiden Laden. Der mediale Zapfen ist der längere. Abb. 2a stellt
nicht nur die Verhältnisse dar, welche der distale Maxillenabschnitt von
normalen erwachsenen Raupen bietet, sondern auch von Versuchstieren,
welche auf Grund implantierter Corpora allata anstatt der Häutung
zur Puppe eine weitere Raupenhäutung durchmachten. Da jedoch diese
Versuchstiere aus der überzähligen Raupenhäutung mit vergrößertem
Kopf hervorgingen, ist auch der Endabschnitt ihrer Maxille der Norm
gegenüber vergrößert.

Abb. 2b gibt das distale Ende der linken Maxille eines Versuchstieres wieder, welches sich auf die Implantation der Corpora allata

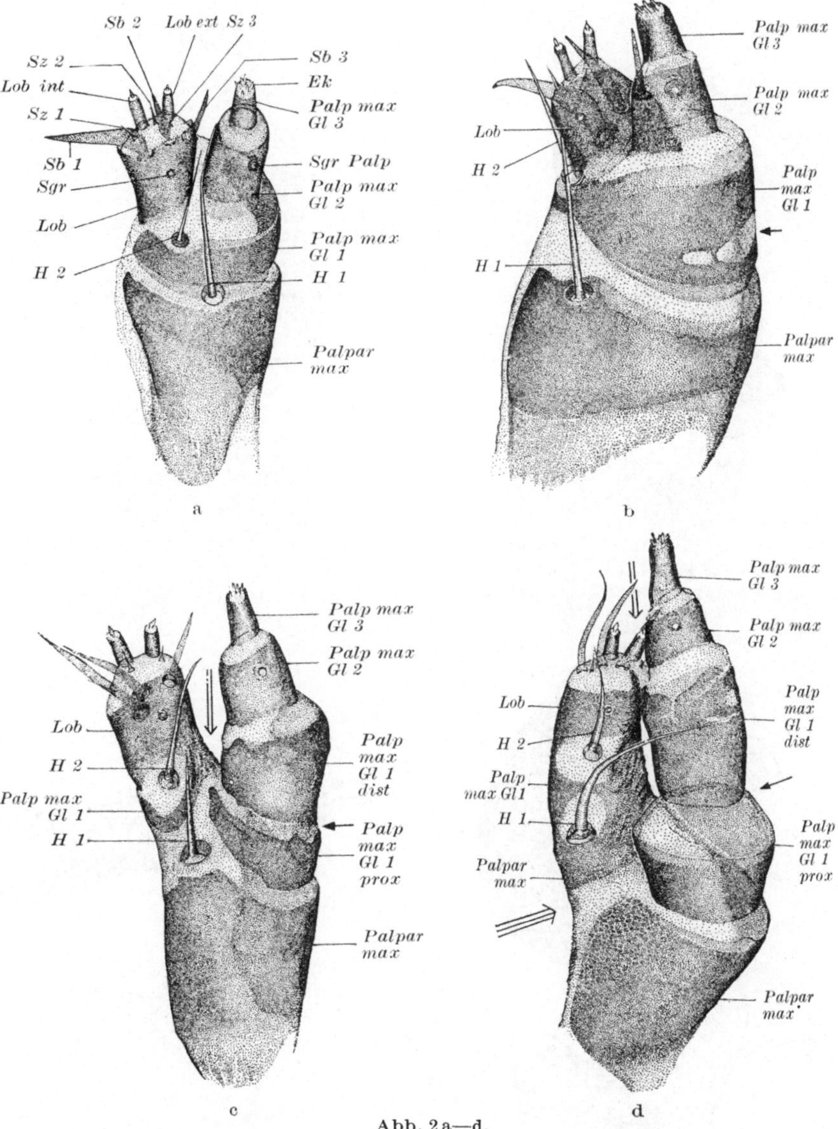

Abb. 2a—d.

hin anstatt zur Puppe zu einem Individuum häutete, welches nicht mehr vollkommen einer normalen Raupe glich. Während Abb. 2a eine Ventralansicht darstellt, ist das Objekt in 2b mehr von ventro-lateral abgebildet. Cardo und Stipes sind völlig larval. Das Palparium

Palp max Gl 3
Palp max Gl 2
Lob
H 2
H 1
Rü
Palp max Gl 1 dist
Palp max Gl 1 prox
Palpar max
e
Lob
H 2
H 1
Rü
Rü
Palp max Gl 3
Palp max Gl 2
Palp max Gl 1 dist
Palp max Gl 1 prox
Palpar max
f
Lob
Rü
Palp max Gl 1 prox
Palp max Gl 3
Palp max Gl 2
Palp max Gl 1 dist
g
Lob
h

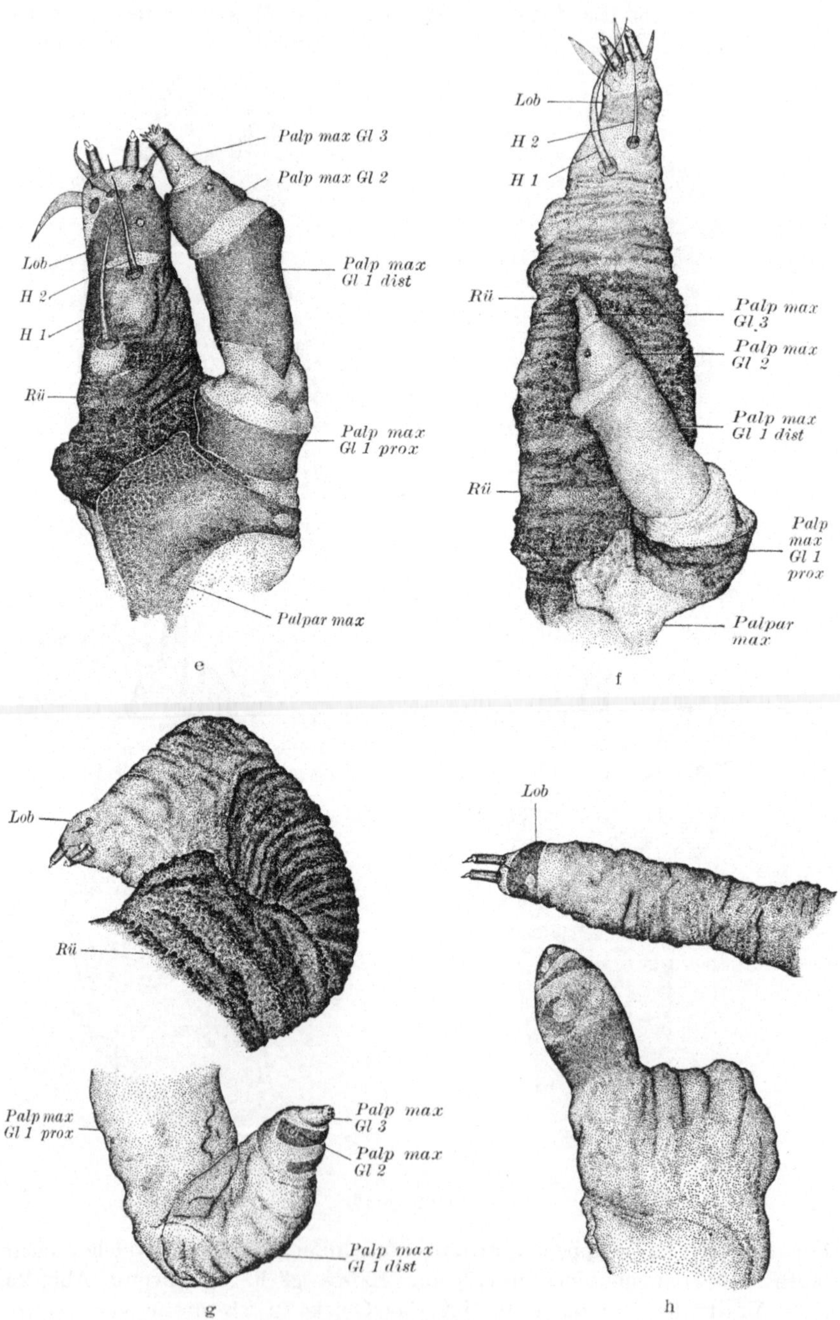

Abb. 2 e—h.

maxillare (Palpar max) ist indessen dem Palparium der normalen Raupe gegenüber abweichend gebaut. Sein kutikularisierter, offener Gürtel ist etwas höher geworden und wenig unterhalb der Mitte in transversaler Richtung (einfacher Pfeil) durch mehrere häutige Bezirke unterteilt. Das zweite Glied des Palpus (Palp max Gl 2) mit seiner Sinnesgrube, sowie das dritte Palpusglied (Palp max Gl 3) mit den Sinneskegeln sind vollkommen larvenmäßig gebildet. Völlig larval mit all seinen Differenzierungen ist auch das Lobarium (Lob).

Der Abb. 2c liegt ein Versuchstier zugrunde, das sich anstatt zur Puppe zu einem Individuum häutete, welches im Vergleich zur Raupe schon etwas stärkere Abwandlungen erkennen ließ. Cardo und Stipes sind

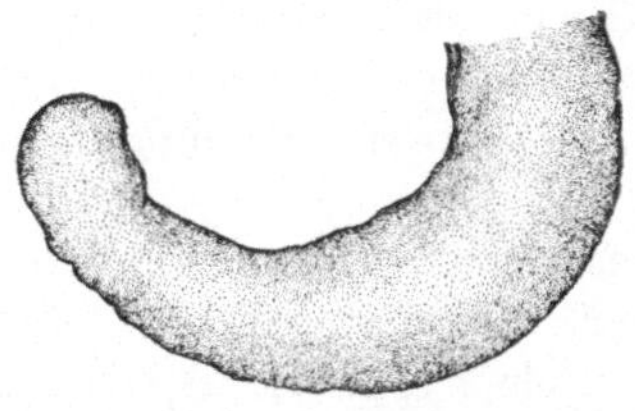
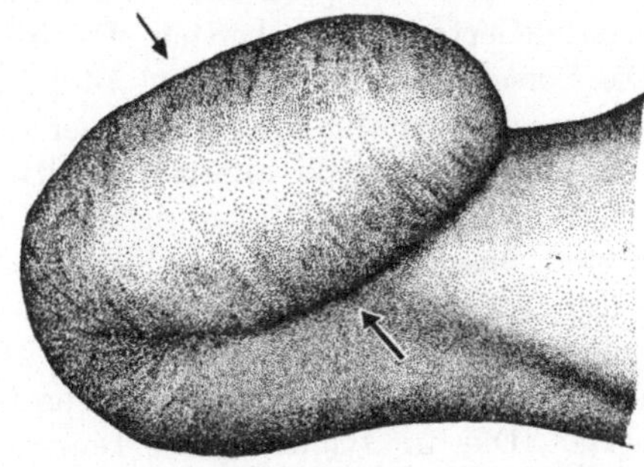

i

Abb. 2 a—k.   Der distale Maxillenabschnitt der erwachsenen Raupe (a), von fortschreitend puppenähnlicheren Mischformen (b—h) und der Puppe (l). Abkürzungen s. Text. Vergr. 115×.

wiederum völlig raupenmäßig gestaltet, auch das Palparium maxillare (Palpar max) weist keinen Unterschied gegenüber dem Palparium der normalen Raupe auf. Im ersten Glied des Palpus maxillaris ist indessen die in Abb. 2b erst angedeutete transversale Spaltung stärker ausgeprägt. Die häutige Spalte durchsetzt jetzt den gesamten, noch höher gewordenen, sklerotisierten Gürtel des ersten Palpusgliedes (einfacher Pfeil). Dadurch ist dieses Glied in einen proximalen (Palp max Gl 1 prox) und einen distalen (Palp max Gl 1 dist) Abschnitt unterteilt. Das zweite und dritte Palpusglied sind vollkommen larval. Senkrecht zur Richtung der transversalen Spaltung hat nun aber noch eine weitere, und zwar sagittal gerichtete Spaltung stattgefunden (Richtung des Doppelpfeils). Diese zweite Spaltung hat das folgende bewirkt. Einmal ist das häutige Zwischenstück, aus welchem sich bei der normalen Raupe lateral das zweite Palpusglied (Palp max Gl 2), medial das Lobarium (Lob) erhebt, zwischen dem zweiten Palpusglied und dem Lobarium durchtrennt worden. Die Spaltung hat aber darüber hinaus auf den kutikularisierten Gürtel des ersten Palpusgliedes übergegriffen und diesen in sagittaler Richtung vollkommen zerteilt. Der hierdurch abgetrennte mediale Teil des ersten Palpusgliedes ist zum Lobarium geschlagen (Palp max Gl 1). Das Haar (H 2), welches bei der normalen

34*

Raupe unmittelbar über dem ersten Palpusglied im häutigen Bereich inseriert, ist damit samt seiner unmittelbaren häutigen Umgebung auf das Lobarium gerückt. Während zwischen dem medial gelegenen Teil des ersten Palpusgliedes (Palp max Gl 1) und dem lateral gelegenen, proximalen Teil des gleichen Gliedes (Palp max Gl 1 prox) ein häutiger Bezirk liegt, erhebt sich der lateral gelegene, distale Abschnitt (Palp max Gl 1 dist) völlig frei. Er trägt das völlig larval gebildete zweite Palpusglied (Palp max Gl 2), dem wiederum das gleichfalls larvale dritte Palpusglied (Palp max Gl 3) aufsitzt. Auf der häutigen Kuppe des Lobarium stehen, typisch larval gestaltet, die Innenlade und Außenlade, die Sinneszapfen und die dem larvalen Zustand gegenüber etwas verschmälerten Sinnesborsten. Die Sinnesgrube ist ebenfalls vorhanden. Die Dorsalseite des Lobarium ist häutig wie bei Raupen. Durch die transversale Spaltung ist also der Palpus maxillaris viergliedrig geworden. Durch die sagittale Spaltung ist sein freier Abschnitt verlängert, ebenso ist durch sie das Lobarium von der Basis her auf Kosten des häutigen Zwischenstücks und des ersten Palpusgliedes länger geworden.

Abb. 2d stellt den distalen Maxillenabschnitt eines weiteren, noch sehr raupenähnlichen Versuchstieres dar. Cardo und Stipes sind larval. Die in Richtung des Doppelpfeils erfolgte sagittale Spaltung des ersten Palpusgliedes ist noch weiter gegangen als im Falle der Abb. 2c. Dadurch ist bewirkt, daß sich nunmehr auch der lateral gelegene, proximale Abschnitt des ersten Palpusgliedes (Palp max Gl 1 prox), welcher beträchtlich höher geworden ist, vollkommen frei erhebt. Das ihm umgürtende Sklerit hat noch die Form des offenen Gürtels. Der lateral gelegene, distale Abschnitt des ersten Palpusgliedes (Palp max Gl 1 dist) hat sich stark verlängert. Er ist jetzt nicht mehr in Form eines offenen, sondern eines geschlossenen Gürtels sklerotisiert. Das zwischen den beiden lateralen Abschnitten des ersten Palpusgliedes befindliche häutige Zwischenstück hat sich verbreitert. Es erweckt den Eindruck eines häutigen Gelenks und sei daher vorläufig als „accessorisches Gelenk" bezeichnet. Das zweite und dritte Palpusglied sind vollkommen larval ausgeprägt. Betrachten wir nunmehr das an seiner Basis verlängerte Lobarium (Lob + Palp max Gl 1 + Palpar max), so zeigt sich, daß es durch die weiter fortgeschrittene sagittale Spaltung (Richtung des Doppelpfeils) noch mehr verlängert ist. Außerdem ist vom Palparium maxillare jener mediale Bereich, an dessen oberen Rande bei normalen Raupen das Haar (H 1) im häutigen Bereich inseriert, durch einen weiteren transversalen Spaltungsvorgang (Richtung des dreifachen Pfeils) abgetrennt und der Basis des verlängerten Lobarium angegliedert worden. Es sitzen damit nunmehr beide Haare (H 1 u. H 2) inmitten häutiger Areale dem verlängerten Lobarium ventral auf. Die Kuppe des Lobarium trägt völlig larvale Differenzierungen.

Ein anderes Versuchstier, bei welchem am Endabschnitt der Maxille schon deutlich pupale Merkmale in Erscheinung treten, liegt der Abb. 2e zugrunde. Weitere Spaltungsvorgänge, durch welche Stücke von Skleriten abgetrennt und Verschmelzungsvorgänge, durch welche sie anderen Skleriten zugeschlagen worden sind, haben nicht stattgefunden. Das Palparium maxillare ist von lateral stark verkleinert. Der proximale Abschnitt des ersten Palpusgliedes (Palp max Gl 1 prox) ist nun ebenfalls in seinem ganzen Umfang kutikularisiert. Der distale Abschnitt des ersten Palpusgliedes (Palp max Gl 1 dist) zeigt sich weiter verlängert. Das zweite und dritte Palpusglied sind völlig raupenmäßig differenziert. Das eigentliche Lobarium (Lob) weist gegenüber dem Lobarium der Larve nur eine etwas stärkere Kutikularisierung der Dorsalseite und eine etwas schwächere Ausbildung der medialen Sinnesborste auf. Der Basalabschnitt des verlängerten Lobarium aber ist durch einen Wachstumsvorgang vergrößert. Die Wachstumszone (Rü) trägt vor allem auf der (vom Betrachter abgekehrten) Dorsalseite eine außerordentlich kräftige Kutikulardedeckung, welche in zahlreichen Querrunzeln und knolligen Auswüchsen hervorragt. Weiterhin zu besprechende, puppenähnlichere Maxillen anderer Mischformen lassen erkennen, daß diese Zone nichts anderes als einen Abschnitt einer Puppenrüssel-Hälfte vorstellt.

Abb. 2f gibt einen Fall wieder, in welchem Cardo und Stipes zwar noch vollständig larval erschienen, der Endabschnitt der Maxille aber neben larvalen schon stark pupale Merkmale erkennen ließ. Das Palparium maxillare ist stark verkleinert und zu einem größtenteils häutigen Gebilde geworden. Nur medial ist es stellenweise noch etwas sklerotisiert. Der Palpus maxillaris bietet in seiner Form und Größe keine besonderen Unterschiede gegenüber dem in 2e dargestellten Palpus. Aus diesem Grunde erübrigt sich seine Besprechung. Auch das eigentliche Lobarium (Lob) zeigt im wesentlichen den gleichen Zustand wie das der Abb. 2e. Mächtig vergrößert ist dagegen die pupale Rüsselzone (Rü). In ihrem Bereich ist jetzt auch die Ventralseite stark kutikularisiert. Die Abbildung läßt die Runzeln und Knollen ihrer Kutikula deutlich erkennen. Schon oben (S. 510) wurde angegeben, daß sich solche Runzeln und Knollen an den Anhängen von Puppen finden, welche bei der Häutung zur Puppe nicht in normaler Weise gestreckt werden konnten. Das Versuchstier von 2f trug seine Maxillen nach Art der Raupe vorwärts gerichtet.

Der Abb. 2g liegt eine Mischform zugrunde, welches an der Maxille neben schwächer larvalen schon sehr stark pupale Merkmale besaß. Bei Mischformen dieses Typs sind auch am proximalen, nicht abgebildeten Abschnitt der Maxille Veränderungen in Richtung auf den Puppenzustand zu beobachten. An der sklerotisierten Querrippe des Stipes (vgl. Abb. 1a) machen sich Rückbildungserscheinungen bemerkbar, welche zunächst durch eine Auflösung der Rippe in stärker kutikularisierte Inseln in Erscheinung treten. Je puppenähnlicher die Misch-

formen sind, desto weniger ist von diesen Inseln vorhanden. Die Cardo
bleibt länger larval als der Stipes. Seiner Länge wegen konnte nicht der
ganze Palpus maxillaris in die Abb. 2g aufgenommen werden. Das
dritte Palpusglied (Palp max Gl 3) ist seiner Form nach noch recht
larval. Es trägt die larvalen Endkegel. Das zweite Palpusglied (Palp
max Gl 2) ist jetzt durch ein schmales, nicht geschlossenes Sklerit gekennzeichnet, welches noch die Sinnesgrube aufweist. Andere, nicht abgebildete Zustände des Palpus maxillaris zeigen, daß der folgende, bis
auf eine kleine Platte häutige Abschnitt, welcher bis zur Umknickungs-
stelle des Palpus reicht, den distalen Abschnitt des ersten Palpusgliedes
(Palp max Gl 1 dist) darstellt. Der bis zur Insertionsstelle reichende
folgende Abschnitt des Palpus (er ist nur etwa zur Hälfte abgebildet),
ist der proximale Abschnitt des ersten Palpusgliedes (Palp max Gl 1
prox); möglicherweise ist das häutig gewordene Palparium maxillare
in ihn einbezogen. Der Palpus maxillaris sitzt der Basis einer sehr langen,
aber noch wenig gestreckten, und daher gerunzelten Hälfte eines Puppenrüssels auf. Von der letzteren konnte seiner Länge wegen nur der distale
Abschnitt wiedergegeben werden. An dem eigentlichen Lobarium (Lob),
welches durch seine Kutikularisierung noch zu erkennen ist, sind die beiden
typisch larval gestalteten, aber verkleinerten Laden zu sehen. Außerdem sind noch eine verkleinerte Sinnesborste und der gegliederte Sinneszapfen vorhanden.

Abb. 2h stellt den Endabschnitt des Palpus maxillaris und einer
Hälfte des Puppenrüssels einer außerordentlich puppenähnlichen
Mischform dar. Als Andeutungen der larvalen Gliederung läßt der
Palpus an einem kolbigen Fortsatz mehrere kutikularisierte Platten
erkennen, welche kleine, kreisförmige, membranöse Flecke aufweisen.
Mit den Palpusgliedern der vorhergehenden Abbildungen lassen sich
diese Platten nicht mehr homologisieren. Im übrigen ist der Anhang häutig. Die Puppenrüssel-Hälfte besitzt die Form (vgl. Abb. 1f)
und auch etwa die Länge des entsprechenden pupalen Anhanges. Sie
ist verhältnismäßig gut gestreckt und weist daher wenig Querrunzeln
und Warzen auf. Ihr Lobarium (Lob) trägt die beiden larvalen Laden und
einen ungegliederten Sinneszapfen. Bei Mischformen dieser Gruppe ist
nichts mehr von der Querrippe des larvalen Stipes vorhanden. Die
Kutikularplatte der Cardo ist vom Rande her insulär aufgelöst und
stark verkleinert.

An den Fall von 2h schließen sich andere Fälle, in denen die Maxillen
außer einem kleinen Rest der larvalen Cardo keine larvalen Merkmale
mehr erkennen lassen.

In Abb. 2i (rechts) ist der distale Abschnitt des Palpus maxillaris
einer jungen Puppe, welche kurz nach dem Abstreifen der Raupenhaut
fixiert wurde, dargestellt. Auch bei der älteren Puppe ist der Palpus
noch größtenteils häutig. Nur dort, wo sich sein Endabschnitt (distal

von der durch Pfeile markierten Linie an der Bildung des Puppenpanzers beteiligt, wird die Kutikula sklerotisiert. Das Ende einer Puppenrüssel-Hälfte der gleichen Puppe ist ebenfalls abgebildet. Die Krümmung ist eine Folge der Fixierung. Der völlig ungegliederte Anhang bleibt bis auf seine außen liegende Fläche häutig.

Ein wichtiges Ergebnis der vergleichenden Betrachtung der Maxillen ist, daß der Puppenrüssel bei den Mischformen durch ein starkes Wachstum des distalen, medialen Teiles des Stipes entsteht.

2. Das Labium. Wie oben (S. 505) bei der Übersicht über den Bau der larvalen, pupalen und larval-pupal gemischten Mundteile dargelegt wurde, besteht das Labium der Larve aus dem Submentum und dem Mentum mit den labialen Anhängen. Das Submentum und das Mentum (wenn man von seinen labialen Anhängen absieht) weisen bei der Raupe immerhin einige Differenzierungen auf, bei der Puppe dagegen fast keine. Bei den Mischformen von Raupe und Puppe sind daher an diesen Teilen lediglich Rückbildungen zu beobachten, welche, soweit sie nicht schon oben besprochen wurden, im Text behandelt werden können. Im Bereich der labialen Anhänge des Mentum dagegen besitzt die Puppe gegenüber der Raupe außer Rückbildungen charakteristische Neubildungen. Aus diesem Grunde sind hier bei den Mischformen bemerkenswerte Differenzierungen vorhanden, welche an Hand von Abbildungen besprochen werden müssen.

Abb. 3a gibt die labialen Anhänge einer erwachsenen Raupe wieder. Dem oberen Rande des Mentum (Ment) sitzen die beiden Palparia labialia (Palpar lab) auf. Sie stellen stark kutikularisierte, medial häutige Gürtel dar.

Nach BERLESE (1909) sollen sie allgemein zu einem unpaaren Gebilde verschmolzen sein, nach ENGEL (1927) sind sie paarig. Bei *Galleria* stehen die oberen medialen Ränder der Palparia labialia meistens durch ein schwach kutikularisiertes Band miteinander in Verbindung. Gleichwohl bezeichnet man mit ENGEL die LippentasterTräger wohl besser als paarige Gebilde.

Zwischen dem oberen Mentumrand und den Palparia labialia ist ein schmaler, häutiger Bezirk eingeschaltet. Nur medial steht jedes Palparium durch eine sklerotisierte Brücke (Br) mit dem oberen Rande des Mentum in Verbindung. Oberhalb jeder Brücke sind zwei Sinnesgruben (Sgr 1 u. Sgr 2) in die medialen Ränder der Palparia eingesenkt. Unter Einschaltung eines häutigen Zwischenstücks sitzt dem Palparium labiale der Palpus labialis (Palp lab) auf. Er ist in seinem gesamten Umfang kutikularisiert. Auf seiner häutigen Kuppe inseriert lateral ein kurzes Haar, medial, unter Einschaltung eines Verbindungsstücks (Vb), ein längeres Haar. „Da die Autoren den Palpus labialis als zweigliedrig beschreiben, könnte man vielleicht das kleine Verbindungsstück als das zweite Glied des Palpus labialis deuten" (ENGEL, S. 183). Zwischen den Palparia labialia erhebt sich aus membranöser Umgebung ein ovaler,

geschlossener, sklerotisierter Ring, welcher nach ENGEL als Spindelträger (Sptr) bezeichnet ist. In den Spindelträger ist jederseits eine
Sinnesgrube eingesenkt. Im unteren Abschnitt des Spindelträgers liegen
zwei größere laterale und zwei kleinere mediale Platten; daran schließt
sich ein oberflächliches, wabenartiges Mosaik, welches sich medial über
das ganze Mentum erstrecken kann. ENGEL deutet dieses Wabenwerk
richtig als Abbild von Hypodermiszellen. Am oberen Mentumrand inserieren beiderseits der Mediane zwei kurze, kräftige Haare (H). Die
Spinnwarze oder Spinnröhre, mit ENGEL als Spindel (Sp) bezeichnet,

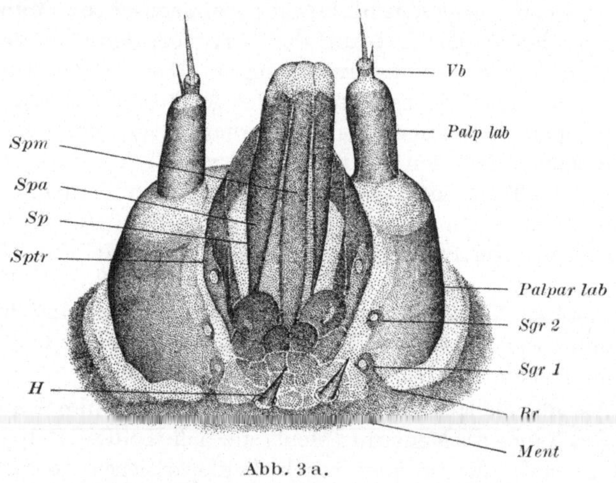

Abb. 3 a.

läßt ventral ein unpaares, sklerotisiertes Mittelstück (Spm), lateral zwei
sklerotisierte Außenstücke (Spa) erkennen. Das Mittelstück ist lang
und schmal; die Außenstücke sind bei ungefähr gleicher Länge viel
breiter und umgreifen dorsal beiderseits die Spindel. Zwischen dem
Mittelstück und den Außenstücken ist zarthäutige Kutikula zu erkennen.
Die Spindel stellt somit eine versteifte, geschlossene Röhre dar, an deren
Mündung das Spinnsekret austritt. Mundwärts schließt sich an das
Mentum und seine labialen Anhänge der mit zahlreichen kleinen Stacheln
besetzte Hypopharynx. Der Bau von Mentum und Submentum wurde
schon oben geschildert.

Die an Hand von Abb. 3a veranschaulichten labialen Anhänge des
Mentum kommen nicht nur normalen erwachsenen Raupen, sondern
auch Individuen zu, welche sich auf Grund implantierter Corpora allata
anstatt zu Puppen wieder zu Raupen gehäutet haben. Bei solchen
Versuchstieren pflegen die labialen Anhänge lediglich vergrößert zu sein.

Der Abb. 3 b liegt eine Mischform zugrunde, welche neben schwach
pupalen Merkmalen an den Antennen auch an den labialen Anhängen geringe Veränderungen gegenüber der Raupe aufwies. Die Abbildung läßt er-

kennen, daß von den Skleriten der Palparia labialia (**Palpar lab**) beiderseits
der Mittellinie sklerotisierte Bezirke (Ch J) durch Einschiebung häutiger
Bereiche abgegliedert sind. Durch diese in sagittaler Richtung erfolgte

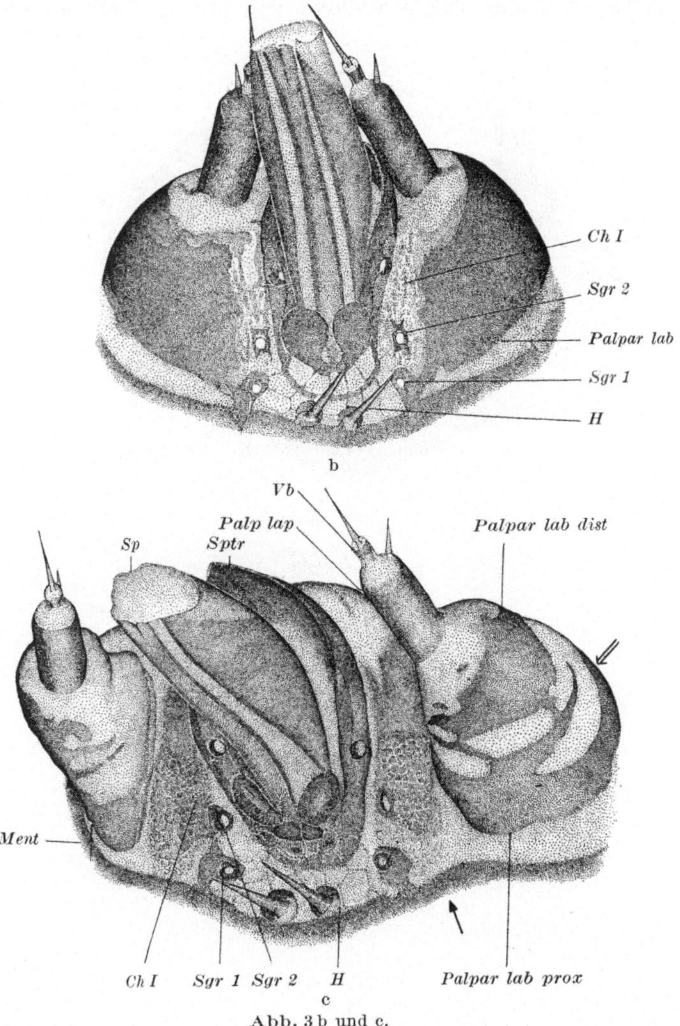

Abb. 3 b und c.

Spaltung ist beiderseits auch die obere Sinnesgrube (Sgr 2) vom Sklerit
des Palparium abgetrennt und samt ihrer stärkeren Umrahmung in den
häutigen Bereich einbezogen worden. Im übrigen zeigen die labialen
Anhänge des Mentum gegenüber denen normaler Raupen keine Veränderungen, welche außerhalb der typischen Variationsbreite liegen.
Auch das Mentum, das Submentum und der Hypopharynx sind larval.

Abb. 3c stellt einen Fall dar, in welchem die labialen Anhänge schon stärkere Abweichungen gegenüber den Anhängen normaler Raupen aufwiesen. Durch die sagittale Spaltung, deren Richtung nun vermittels eines einfachen Pfeils gekennzeichnet ist, sind größere Partien vom

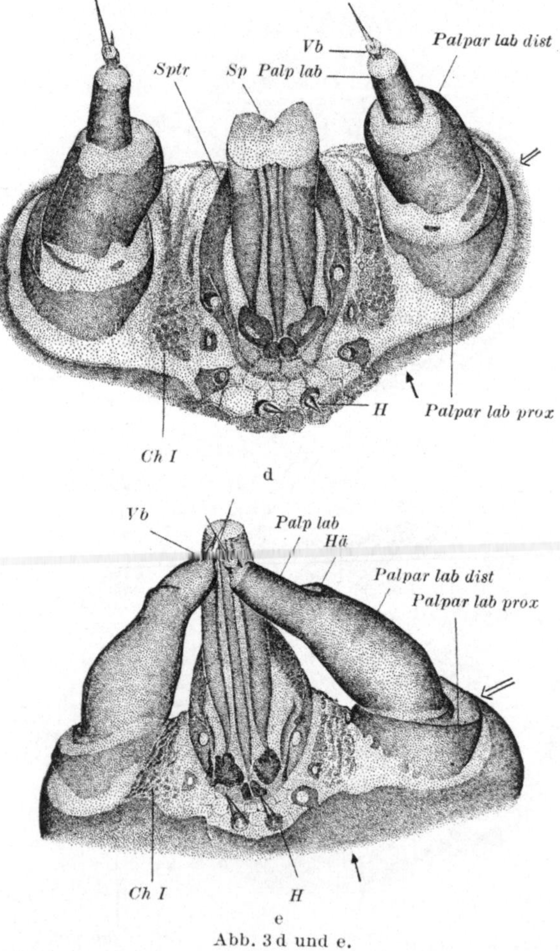

Abb. 3d und e.

Sklerit des Palparium labiale abgetrennt und teilweise aufgelöst (Ch I). Eigenartigerweise ist im abgegliederten Bereich ein Abbild des hypodermalen Zellmusters vorhanden. Die Kleinheit und Kuppigkeit der Abdrücke geht vielleicht auf eine hohe Hypodermis zurück, deren Zellen einen kleinen kuppigen Apex aufwiesen. Außer der oberen Sinnesgrube (Sgr 2) ist nun auch die untere Sinnesgrube (Sgr 1) vom Palparium labiale losgelöst und durch einen weiten häutigen Zwischenraum von

Palpar lab prox
Palpar lab dist
Palp lab
Sptr
Sp
Ment
Ch I
H
f
Palp lab
Palpar lab dist
Sp
Sptr
Ch I
Sgr
Palpar lab prox
Ment
H
g

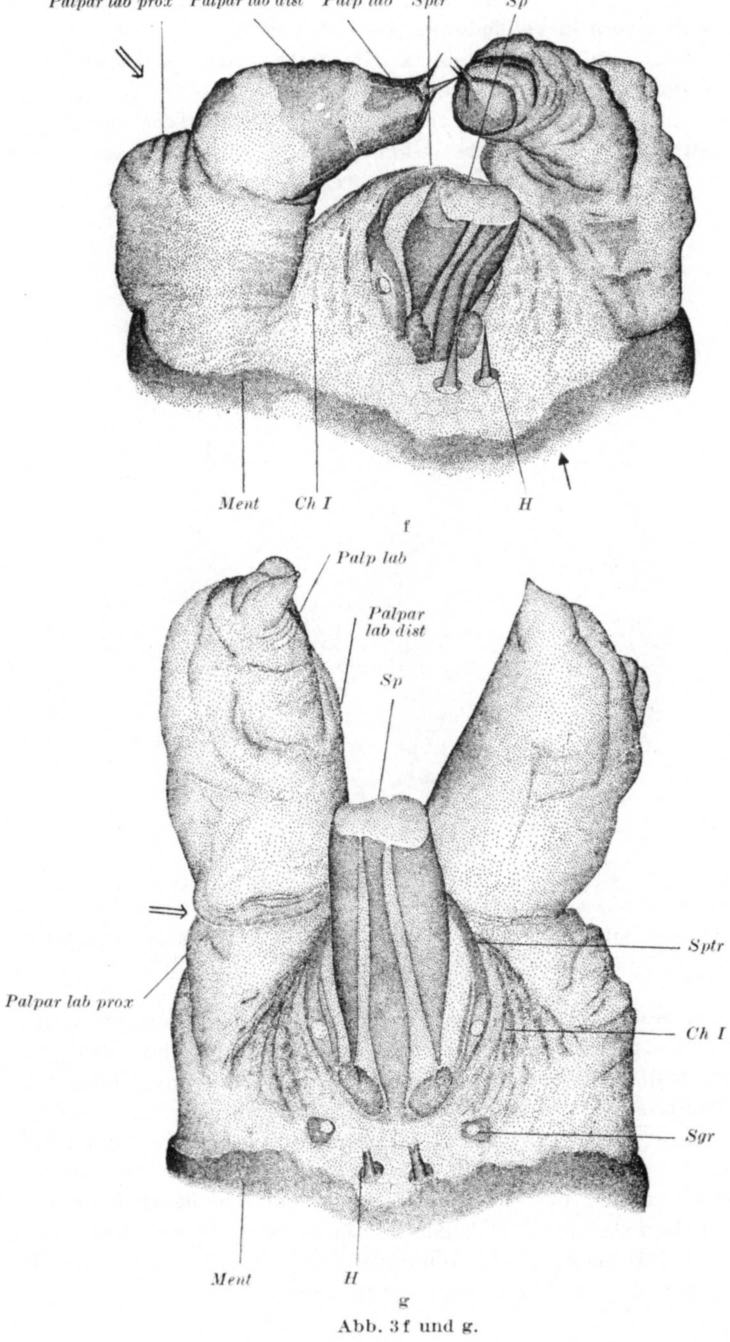

Abb. 3 f und g.

ihm getrennt; indessen steht sie noch durch die Brücke mit dem oberen
Rande des Mentum in Verbindung. Das Palparium labiale ist sehr viel
höher geworden und außer von der sagittalen Spaltung noch durch eine
zweite, transversale Spaltung betroffen, deren Richtung durch einen
Doppelpfeil markiert ist. Die transversale Spaltung äußert sich darin,
daß der kutikularisierte, offene Gürtel des Palparium labiale durch

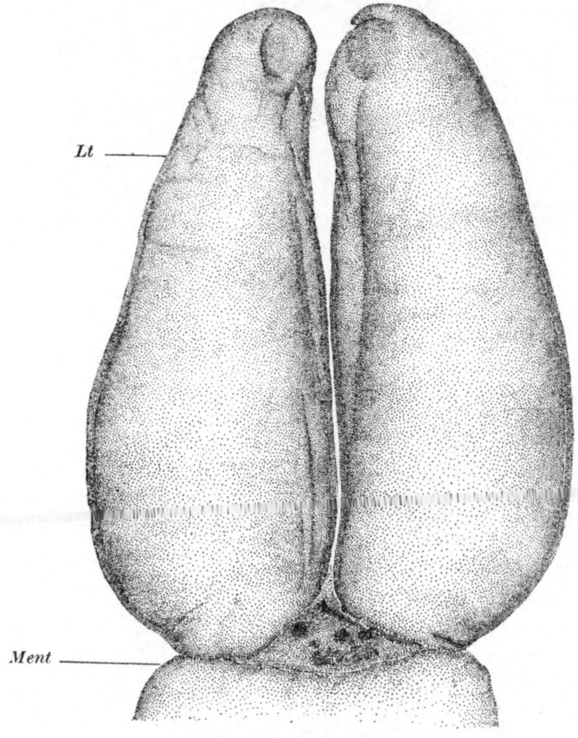

Abb. 3a—h. Die labialen Anhänge des Mentum der erwachsenen Raupe (a) und fortschreitend puppenähnlicherer Mischformen (b—h). Abkürzungen s. Text.
Vergr. a—g 160 ×, h 65 ×.

membranöse, noch größtenteils voneinander isolierte Fenster in einen
proximalen (Palpar lab prox) und einen distalen (Palpar lab dist) Abschnitt unterteilt ist. Der Palpus labialis (Palp lab) mit seinem lateralen,
kürzeren Haar, sowie das Verbindungsstück (Vb) mit dem aufsitzenden
längeren Haar sind vollkommen larvenmäßig gebildet. Gleichfalls
larval sind die beiden Haare (H), der Spindelträger (Sptr) mit seinen
beiden Sinnesgruben und die Spindel (Sp) mit den basal liegenden
Platten und dem daran sich schließenden Zellmuster. Larval sind ferner
Mentum und Submentum. Es fällt auf, daß die Basis der labialen
Anhänge gegenüber der Norm stark verbreitert ist.

An den durch Abb. 3c veranschaulichten Zustand schließt sich der von 3d an. Dieser Abbildung liegt eine schon etwas puppenähnlichere Mischform zugrunde. Die sagittale Spaltung (Richtung des einfachen Pfeils) hat zu einem Zustand geführt, welcher über den in 3c dargestellten nicht hinausgeht. Die transversale Spaltung (Richtung des Doppelpfeils) hingegen ist weiter gegangen und hat am stark verlängerten Palparium labiale den distalen Abschnitt (Palpar lab dist) durch einen häutigen, ringförmigen Bereich vollkommen vom proximalen Abschnitt (Palpar lab prox) abgetrennt. Inselförmige Reste stärkerer Kutikula liegen innerhalb der trennenden häutigen Zone. Die beiden Abschnitte des Palparium labiale sind nicht mehr, wie das Palparium der Raupe, in Form eines medial offenen Gürtels sklerotisiert. Sie tragen vielmehr in ihrem gesamten Umfang eine kräftigere Kutikula. Anklänge an den larvalen Zustand zeigen sich allerdings noch darin, daß die medialen Partien etwas schwächer als die lateralen sklerotisiert sind. Da sich der distale Abschnitt des Palparium labiale mechanisch gegen den proximalen bewegen läßt, stellt der häutige Zwischenbereich vielleicht ein accessorisches Gelenk dar. Er soll vorläufig als solches bezeichnet werden. Wie bei der Raupe sitzt auf dem distalen Abschnitt des Palparium der Palpus labialis mit seinen larvalen Differenzierungen. Wiederum sind der Spindelträger (Sptr) mit seinen Sinnesgruben und basalen Platten, die Spindel (Sp), die Haare (H) und das Zellmuster in typisch larvaler Ausprägung vorhanden. Submentum und Mentum sind ebenfalls raupenmäßig gebildet.

In 3e sind die labialen Anhänge einer Mischform dargestellt, welche schon ziemlich puppenähnlich war. Die in Richtung des einfachen Pfeils erfolgte sagittale Spaltung hat auch hier nur zu dem schon in c und d erreichten Zustand geführt. Der distale Abschnitt des Palparium labiale (Palpar lab dist) ist weiter verlängert. Er ist in dem durch die transversale Spaltung entstandenen accessorischen Gelenk (Doppelpfeil) gegen den proximalen Abschnitt des Palparium labiale (Palp lab prox) abgewinkelt. Beide Abschnitte sind in ihrem gesamten Umfang kutikularisiert. Der Palpus labialis (Palp lab) erhob sich in den bisherigen Fällen aus einem häutigen Bezirk. Dieser ist jetzt bis auf geringe Reste (Hä) geschwunden, sodaß der Palpus nunmehr fast in seinem ganzen Umfang fest mit dem distalen Abschnitt des Palparium labiale verbunden ist. Der gesamte Anhang, welcher aus dem proximalen und dem distalen Abschnitt des Palparium labiale, sowie dem Palpus labialis samt dem Verbindungsstück und den beiden Haaren besteht, kann nur noch in dem accessorischen häutigen Gelenk bewegt werden. Spindelträger, basale Platten, Zellmuster, Haare, Spindel, Submentum und Mentum sind immer noch typisch larvenmäßig gestaltet.

Die labialen Anhänge der Abb. 3f stammen von einer Mischform, welche schon sehr puppenähnlich war. Von den beiden Palpi

labiales (Palp lab) läßt besonders der rechte (in der Abbildung
linke) eine wenig ausgeprägte larvale Sklerotisierung erkennen, im
übrigen ist er weichhäutig. Beide Palpi labiales laufen in zwei gleich-
lange Haare aus. Wie ein anderer, nicht abgebildeter Fall zeigt, entspricht das eine von ihnen dem bei der Raupe längeren, medialen Haar;
es sitzt unter Reduktion des Zwischenstückes dem Palpus unmittelbar
auf. Das zweite Haar entspricht dem lateralen, kürzeren Raupenhaar.
Proximal setzt sich der Palpus labialis in den distalen Abschnitt des
Palparium labiale fort (Palpar lab dist), welcher ebenfalls nur noch
stellenweise stärker kutikularisiert, im übrigen aber weichhäutig ist.
Noch weiter proximal folgt eine ringförmige Hautfalte (Doppelpfeil).
Nicht abgebildete Mischformen, welche zwischen den Fällen e und f
rangieren, zeigen, daß diese Hautfalte das accessorische Gelenk des
Palparium labiale darstellt. Die proximal sich anschließende, völlig
weichhäutige Zone stellt den verlängerten proximalen Abschnitt des
Palparium labiale (Palpar lab prox) vor. Zwischen dem Spindelträger
(Sptr) und den Ansatzstellen der Palparia labialia sind streifige Reste
der vom Palparium abgetrennten stärkeren Kutikula (ChI) erkennbar.
Die abgegliederten Sinnesgruben (Sgr 1 u. Sgr 2) fehlen. Der Spindelträger (Sptr) weist den typisch larvalen Bau auf und besitzt jederseits
eine Sinnesgrube. Er ist indessen, ebenso wie die basalliegenden Platten,
sehr viel schwächer kutikularisiert als in den vorhergehenden Fällen.
Auch die Spindel (Sp) hat noch die typische larvale Form und Größe
(in Df ist sie in starker Verkürzung abgebildet). Ihr Mittelstück und ihre
Außenstücke sind sehr schwach kutikularisiert. Die beiden Haare (H)
stehen jetzt etwas vom oberen Mentumrand entfernt. Das Zellmuster
ist nur schwach erkennbar. Mentum und Submentum sind weitgehend
larval ausgebildet, indessen hat allgemein die Stärke der Kutikularisierung nachgelassen.

Der Abb. 3g liegt eine außerordentlich puppenähnliche Mischform zugrunde. Der Teil des Anhangs, welcher sich aus dem Palpus labialis und
dem distalen Abschnitt des Palparium labiale zusammensetzt, ist bis auf
kleine, schwach kutikularisierte Stellen an seinem Ende völlig weichhäutig.
Er läuft in eine Spitze aus, welche eine Andeutung eines der beiden Haare
des larvalen Palpus labialis darstellt. Das accessorische Gelenk des Palparium labiale (Doppelpfeil) ist als ringförmige Falte deutlich erkennbar.
Der proximale Abschnitt des Palparium labiale ist völlig weichhäutig.
Der Spindelträger, die basalen Platten und die Spindel sind larvenmäßig
geformt, aber nur sehr schwach kutikularisiert. Reste der durch die sagittale Spaltung von den Palparia labialia abgegliederten sklerotisierten Kutikula sind noch vorhanden (Ch I). Ebenso existieren zwei Sinnesgruben
(Sgr), die beiden (hier abgebrochenen) Haare (H) und das Zellmuster.
Submentum und Mentum sind weitgehend larval gestaltet, aber sehr
schwach kutikularisiert. An die Abb. 3g schließen sich nicht abgebildete

Fälle, welche bei etwa gleicher Ausbildung des aus dem Palpus labialis und den beiden Abschnitten des Palparium labiale gebildeten Anhangs durch eine fortschreitende schwächere Ausbildung des Spindelträgers und der Spindel gekennzeichnet sind. Spindelträger und Spindel sind fortschreitend kleiner und zarthäutiger. Hand in Hand damit zeigt sich am Mentum und Submentum eine immer schwächere Sklerotisierung der bei der Raupe stark kutikularisierten Bereiche.

Abb. 3h gibt die Anhänge einer Mischform wieder, welche sich kaum noch von einer typischen Puppe unterschied. Von den labialen Anhängen sind lediglich zwei sehr große, völlig häutige Lippentaster vorhanden, an denen sich einzelne Abschnitte nicht mehr erkennen lassen. Sie gleichen in Form und Größe den Palpi labiales der normalen Puppe, in denen sich die Lippentaster des Falters entwickeln. Daher sind sie als Lippentaster (Lt) bezeichnet. Sie sitzen dem völlig häutig gewordenen Mentum auf. Medial an der Basis der Lippentaster sind kleine, unregelmäßig geformte Bezirke sklerotisierter Kutikula vorhanden. Diese stellen nichts anderes dar als schwächste Andeutungen der Kutikula des Spindelträgers und der Spindel. Das Submentum läßt deutlich Anklänge an die charakterische larvale Kutikularisierung erkennen. Auch besitzt es die Pfannen der beiden larvalen Haare (vgl. Abb. 1a).

Die völlig häutigen Lippentaster der normalen Puppe gleichen den in 3h abgebildeten. Die Bereiche, welche dem larvalen Mentum und Submentum entsprechen, sind bei der Puppe völlig weichhäutig, da sie nicht in den Puppenpanzer eingehen. Auf eine Abbildung ist verzichtet.

3. Die Mandibeln. In Abb. 4a ist die linke Mandibel einer erwachsenen Raupe dargestellt. Der Oberkiefer ist gelenkig mit der Kopfkapsel verbunden; die beiden Angelpunkte des Gelenks liegen am vorderen Rande des dreieckigen Antennenausschnittes. Der ventrale Angelpunkt setzt sich zusammen aus einem Gelenkkopf der Mandibel (Gk) und einer Gelenkpfanne der Kopfkapsel. Der dorsale Angelpunkt besteht aus einer flacheren, gestreckten Vorwölbung der Kopfkapsel und einer entsprechenden Konkavität der Mandibel (Gpf). Die sehr kräftig kutikularisierte Mandibel ist nach außen konvex, nach innen konkav gebogen. An ihrem freien medialen Rand, dem Kaurand, trägt sie drei starke Zähne (1—3). Ein weiterer Zahnfortsatz ist durch eine mittlere Einkerbung in zwei kleinere Zähne unterteilt, welche als vierter und fünfter Zahn bezeichnet sind (4,5).

ENGEL gibt für die Mandibel von *Galleria* 4 bis 5 Zähne an. Der Grund dürfte darin liegen, daß der Oberkiefer infolge verschieden starker Ausprägung der Einkerbung vier- *oder* fünfzähnig erscheinen kann.

Nahe dem ventralen Rande des Oberkiefers inserieren zwei Haare. In der Nähe des basalen Randes findet sich stets eine kleine Sinnesgrube (Sgr). Die Kutikula läßt auf der ganzen, dem Beschauer entgegen gerichteten Oberseite eine wabige Struktur erkennen, welche wieder nichts anderes als ein Abbild der Hypodermiszellen darstellt. Die Puppenmandibel (Abb. 4d) ist in ihrem gesamten basalen Umfang häutig mit dem Kopf verbunden. Ihr freier' medialer Rand (in der Abbildung links unten), welcher nicht mehr den geringsten Rest der larvalen Bezahnung erkennen läßt, wird von den Rändern des Clypeus und Labrum teilweise überdeckt. Die äußere (dem Betrachter zugewendete) Wand ist zum größten Teil in das Mosaik des Puppenpanzers einbezogen und

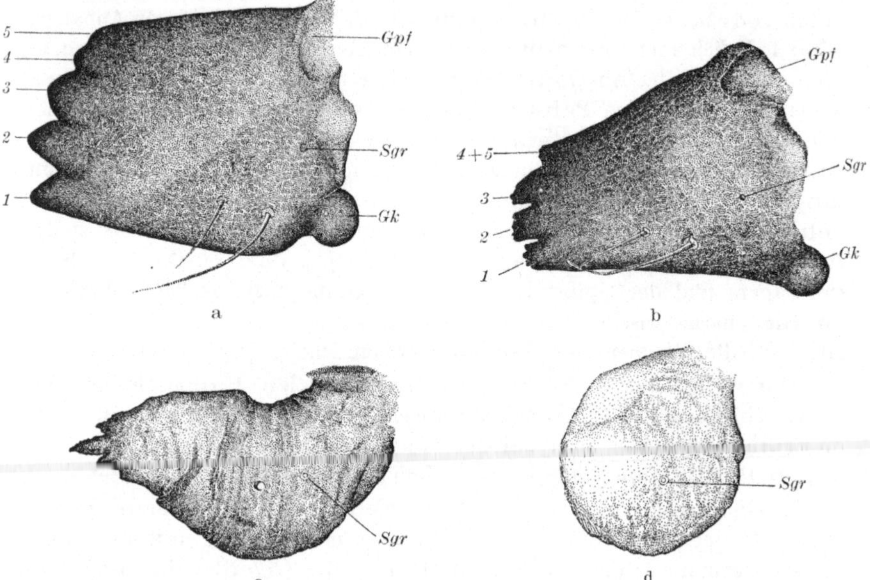

Abb. 4a—d. Die Mandibel der erwachsenen Raupe (a), fortschreitend puppenähnlicherer Mischformen (b, c) und der Puppe (d). Abkürzungen s. Text. Vergr. 60 ×.

demzufolge kutikularisiert; im übrigen ist die Mandibel häutig. Eine kleine Sinnesgrube (Sgr) ist stets zu erkennen. In der Puppenmandibel entwickelt sich die rudimentäre Mandibel der Imago; sie wäre demnach als Mandibelscheide zu bezeichnen. Indessen soll sie weiterhin der Einfachheit halber Puppenmandibel genannt werden. Bei raupenähnlichen Mischformen ist die Gelenkung der Mandibel mit der Kopfkapsel die gleiche wie bei Larven (Abb. 4b). Nach ihrem medialen Ende zu verschmälert sich die Mandibel oft sehr stark, so daß der Kaurand hier viel weniger breit als bei Raupen ist. Im Zusammenhang damit sind die Flanken der Zähne meist steiler als bei diesen. Ferner ist, wie im Falle der Abb. 4b, an Stelle des vierten und fünften Zahnes nur ein einziger Zahn vorhanden. Die sehr kräftig kutikularisierten Zähne laufen nicht, wie bei Raupen, in einfache Spitzen aus. Sie tragen vielmehr kleine, unregelmäßige Zacken. Wie bei Raupen sind auch in diesem Falle zwei

Sinneshaare und eine Sinnesgrube (Sgr) vorhanden. Je puppenähnlicher die Mischformen sind, desto mehr nähern sich auch ihre Mandibeln dem pupalen Zustand. Die larvale Gelenkung mit der Kopfkapsel wird zurückgebildet, ebenso die Anzahl und Stärke der Zähne. Die Kutikularisierung nimmt an Stärke ab. Abb. 4c stellt die linke Mandibel einer äußerst puppenähnlichen Mischform dar. An ihrer Basis sind auch die letzten Reste des larvalen Gelenks verschwunden. Der Oberkiefer sitzt wie bei der Puppe im gesamten Umfang seiner Basis häutig dem Kopf an. Als Reste der larvalen Bezahnung des Kaurandes sind ein größerer mittlerer und zwei kleine seitliche Zähne vorhanden. Neben der Sinnesgrube ist nur der Teller eines der beiden Haare erhalten. An den Fall der Abb. 4c schließen sich andere, noch puppenähnlichere Mandibeln an. Bei diesen erinnert außer der Kutikularisierung nichts mehr an die Raupenmandibel.

4. Das Labrum. Die Oberlippe der erwachsenen Raupe ist eine doppelwandige, an ihrem freien Rande medial eingekerbte, konvex gebogene Schuppe (Abb. 5a). Zunächst sei ihre Außenwand, welche dem Beschauer zugekehrt ist, betrachtet. Sie ist stark kutikularisiert und mit Ausnahme des vorderen freien Randes, welcher glasartig durchsichtig ist, pigmentiert. Durch eine flache, von dunkler Kutikula umgebene Einkerbung ihres freien Vorderrandes, welche medial eine kleine Incisur aufweist, wird die Oberlippe in zwei Flügel geteilt. Die Einkerbung wird als Führungsnute bezeichnet, da sie bei laubblattfressenden Raupen der Fixierung des Blattrandes in der Mediane des Kopfes dient (ENGEL). Auf jedem der beiden seitlichen Flügel inserieren in der Nähe des freien Randes eine Anzahl von Haaren. Sie sind in Abb. 5a von lateral nach medial mit 1—6 bezeichnet. Zu ihren Pfannen führen seichte Rinnen in der Kutikula, welche, wie schon ENGEL angibt, besonders gut an der Basis der medialen Haare zu erkennen sind. ENGEL hat an der Außenwand der Oberlippe von *Galleria* zwei Sinnesgruben gefunden. In dem von mir untersuchten Material war eigenartigerweise stets nur eine Sinnesgrube mit einer seichten Rinne (Sgr) vorhanden. Von 29 Fällen lag die Sinnesgrube in 15 Fällen, wie im Falle von 5a, auf dem rechten Flügel der Oberlippe, in 14 Fällen auf dem linken. Von der Oberlippe erstreckt sich jederseits gegen den ebenfalls kutikularisierten Clypeus ein Gelenkfortsatz (Gf). Im übrigen liegt zwischen Labrum und Clypeus eine zarthäutige Kutikula. Der Innenwand der Oberlippe sitzen unweit ihres vorderen Randes jederseits drei große Stacheln auf, welche in der Abbildung mit I—III bezeichnet sind. Sie setzen sich aus einer Basalplatte mit zentraler Grube und einem aufsitzenden Endstück zusammen. Weiterhin trägt die häutige Innenwand eine große Anzahl kleiner, unechter Haare (H) in charakteristischer Anordnung. Sie sind in der Abbildung durchscheinend zu erkennen. Der mit diesen Härchen besetzte Bezirk stellt den labralen

Teil des Epipharynx dar. In der gleichen Ansicht wie Abb. 5a gibt
Abb. 5d die Oberlippe einer Puppe nach Beendigung der pupalen Kutikularisierung wieder. Ihre Außenwand ist besonders im Bereich des
vorderen freien Randes stärker kutikularisiert und hier nirgends mehr,
wie bei der Raupe, glasartig durchsichtig. Nach dem Clypeus (Cl)
zu, welchem die Oberlippe ziemlich weit unterschoben ist, nimmt
die Sklerotisierung an Stärke allmählich ab. Die Führungsnute (F)

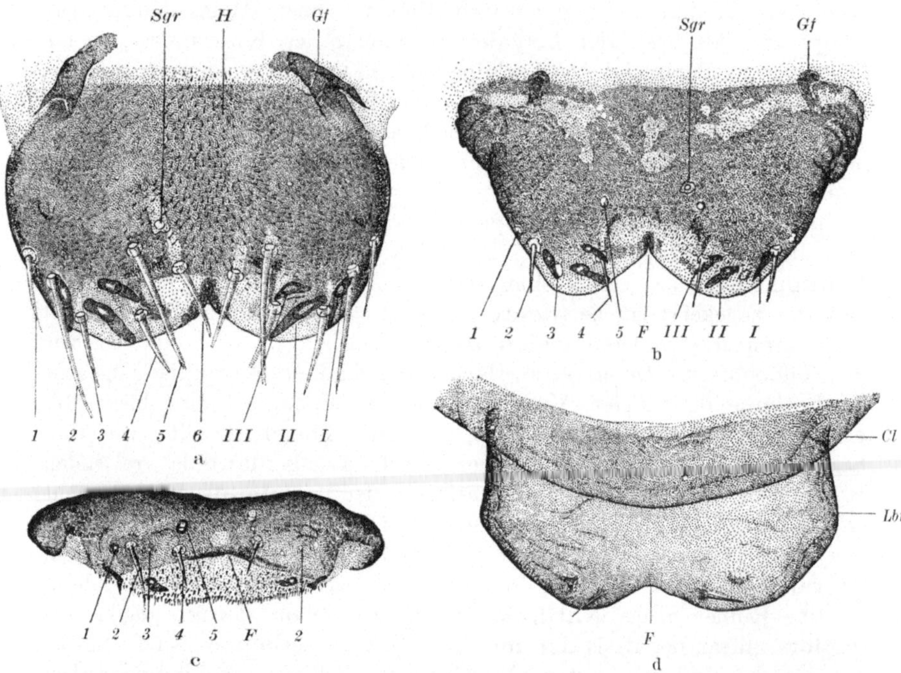

Abb. 5a—d. Die Oberlippe der erwachsenen Raupe (a), fortschreitend puppenähnlicherer
Mischformen (b, c) und der Puppe (d). Abkürzungen s. Text. Vergr. 73 ×.

ist vorhanden, indessen fehlt ihr eine mediale Incisur. Auf jedem
Flügel der Oberlippe steht nahe dem freien Vorderrande ein kurzes
tellerloses Haar ohne seichte Rinne. Seitlich des Haares läßt sich oft
eine wenig distinkte kutikulare Struktur feststellen, die vielleicht die
Andeutung eines weiteren Haares darstellt. Die bei der Raupe vorhandene Sinnesgrube fehlt; gegen den Clypeus gerichtete Gelenkfortsätze sind nicht vorhanden. Die drei großen Chitinstacheln, welche bei
der Raupe auf der Innenwand nahe dem freien Vorderrande sitzen, sind
vollkommen geschwunden. Gleichfalls fehlen auf dem sich anschließen-
den labralen Abschnitt des Epipharynx die kleinen unechten Haare.
Ebenso wie das Labrum der erwachsenen Raupe sind die Oberlippen
von Versuchstieren beschaffen, welche sich anstatt zu Puppen wiederum

zu völlig typischen Raupen häuteten. Was die Oberlippen der Mischformen von Raupe und Puppe anbetrifft, so sind nicht nur jene der raupenähnlicheren Typen vollständig larval, sondern auch die der puppenähnlicheren. Erst bei sehr puppenähnlichen Mischformen machen sich Abänderungen des Labrum in Richtung auf den pupalen Zustand bemerkbar. In Abb. 5b ist die Oberlippe einer sehr puppenähnlichen Mischform dargestellt. Ihre Form ist infolge unvollständiger Streckung, welche lateral an der Basis zur Bildung von Wülsten und Falten geführt hat, etwas gegenüber der larvalen Form abgeändert. Die Außenwand weist nach dem (nicht eingezeichneten) Clypeus zu innerhalb ihrer stärkeren, dunkleren Kutikula eine Reihe schwächer kutikularisierter, hellerer Inseln auf. Diese können als pupale Bildung aufgefaßt werden, weil dieser Bezirk bei der Puppe schwächer kutikularisiert ist als bei der Raupe. Nach dem freien Vorderrande zu geht die sklerotisierte, pigmentierte Region wie bei der Raupe in die glasartig durchsichtige Randzone über. Wie bei Larven ist auch die Führungsnute (F) mit einer medialen Incisur versehen, in deren unmittelbarem Umkreis dunklere Kutikula ausgebildet ist. Von den sechs larvalen Haaren ist nur ein Teil vorhanden. Da aber von den restlichen die Teller ausgebildet sind, und diese die gleichen Lagebeziehungen zu den völlig larval ausgeprägten großen Stacheln der Innenwand aufweisen wie bei Larven, so lassen sich alle Haare oder Andeutungen von solchen auf entsprechende larvale Haare beziehen. Vom ersten Haar (1) existiert lediglich die Pfanne. Das zweite (2) ist zwar verkleinert, sonst aber in raupenmäßiger Ausprägung vorhanden. Das dritte Haar (3) wird wiederum lediglich durch eine Pfanne angedeutet. Das vierte ist nur verkleinert. Vom fünften (5) ist wieder lediglich die Pfanne zu sehen. Das sechste existiert nicht einmal in einer Andeutung. Deutlich ist die larvale Sinnesgrube auszumachen. Sie liegt hier auf dem linken Flügel des Labrum. Die gegen den Clypeus gerichteten Gelenkfortsätze (Gf) sind denen der Larve gegenüber stark reduziert. Auf der Innenwand der Unterlippe sind in Nähe des freien Vorderrandes jederseits die drei großen Stacheln in typisch larvaler Form und Anordnung erhalten. Auch der labrale Teil des Hypopharynx weist wie bei Raupen die kleinen unechten Haare in ihrer typischen Anordnung auf. Abb. 5c gibt die Oberlippe einer außerordentlich puppenähnlichen Mischform wieder. Das Labrum ist in diesem Falle vom freien Vorderrande aus gesehen. Betrachtet sei wiederum zunächst die Außenwand, welche in der Abbildung nach oben gerichtet ist. Ihr freier Vorderrand ist nicht mehr glasartig durchsichtig wie bei Raupen, sondern mit Ausnahme eines kleinen medialen Bereichs von starker, dunkler Kutikula bedeckt. Auch im übrigen ist die Kutikularisierung weitgehend pupal. Die Führungsnute (F) besitzt die larvale mediale Incisur nicht mehr, sie gleicht der pupalen Führungsnute. Auf dem rechten Flügel der Oberlippe sind vom 1., 3. und 5. Haar nur die Teller vorhanden, das 2. und 3. Haar sind zwar larval strukturiert, in ihrer Größe jedoch den Puppenhaaren genähert. Das 6. Haar fehlt mitsamt seinem Teller. Auf dem linken Flügel der Oberlippe fehlt darüber hinaus auch noch das 2. Haar bis auf seinen Teller (2). Von den drei großen Stacheln auf der Unterseite des larvalen Labrum sind jederseits nur zwei vorhanden; sie sind nicht typisch larval gestaltet. Deutlich ist die häutige Innenwand der Oberlippe zu erkennen. Wie bei Larven trägt der labrale Abschnitt des Epipharynx die kleinen unechten Haare. Auf eine Abbildung und Besprechung von Oberlippen, welche Übergänge zwischen den hier wiedergegebenen darstellen, wurde verzichtet.

Die zunächst vorgenommene Gesamtübersicht über die Mundteile der Raupe, der Puppe und der Mischformen hat ergeben, daß die Mundteile der Mischformen in jeweils verschiedenen Anteilen Form- und Strukturbildungen der Raupe und der Puppe aufweisen. Auf Grund der relativen Stärke dieser larvalen und pupalen Merkmale stehen die Mundteile der Mischformen auf verschiedenen Stufen zwischen den Mundteilen der Raupe und den Mundteilen der Puppe. Die im Anschluß daran geführte genauere Betrachtung hat gezeigt, daß sich die einzelnen Mundteile der Mischformen zu lückenlosen Reihen ordnen lassen, welche zwischen den larvalen und pupalen Mundteilen vermitteln. Gleichzeitig hat sie dargelegt, in welcher Weise jeweils die larvalen und pupalen Form- und Strukturbildungen am einzelnen Mundteil in Erscheinung treten.

B. Die Augen.

Die meisten Mischformen besitzen nebeneinander sowohl Raupenocellen als auch Puppenaugenscheiden; beide Bildungen können verschieden stark abgewandelt sein. Im folgenden werden die Ocellen der Raupe, die Augenbildungen der Mischformen und die Augenscheide der Puppe an Hand von Abbildungen besprochen.

Die Raupenocellen der *Wachsmotte* sind noch nicht genauer untersucht, wohl aber die Ocellen der *Mehlmotte* durch BUSSELMANN (1934). Da nun beide Kleinschmetterlinge der Familie der *Pyraliden* angehören, kann angenommen werden, daß die Raupenocellen gleichartig gebaut sind. Die *Mehlmotten*raupe besitzt im typischen Fall an jeder Seite des Kopfes sechs Stemmata, welche im wesentlichen in ihrem Bau übereinstimmen. Die Cornealinse des Stemma ist im Leben schon bei geringer Vergrößerung als glashelle Vorwölbung der Kutikula der Kopfkapsel zu erkennen. Unter der Linse liegt, meist deutlich sichtbar, der Kristallkegel. An ihn schließt sich die Retinula an, deren distale Sinneszellen infolge ihrer dichten schwarzbraunen Pigmentierung bei Lebendbetrachtung in der Regel gut erkennbar sind. In den Retinulazellen des unteren Stemma fehlt dieses Pigment.

In Abb. 6a sind die sechs Ocellen der linken Kopfseite einer erwachsenen *Wachsmotten*raupe in Totalansicht dargestellt und von dorsal nach ventral mit 1—6 bezeichnet. Die durchsichtig-hellen Cornealinsen der Stemmata 1 und 2 sind, wie ihre Konturen erkennen lassen, miteinander verschmolzen. Kristallkegel und Retinulae sind infolge des Fehlens von Pigment nicht zu erkennen. Auch die Cornealinsen der Stemmata 3 und 4 sind miteinander verschmolzen. Unter ihnen liegen, deutlich wahrnehmbar, die Kristallkegel (KK) und Retinulae (R). Das Stemma 5 zeigt ebenfalls unter dem Kristallkegel eine pigmentierte Retinula. Hinter der Cornealinse der Stemma 6 sind keine Einzelheiten erkennbar. In anderen Fällen (vgl. auch Abb. 6c) heben sich hinter allen Cornealinsen infolge des Vorhandenseins von Pigment Kristallkegel und Retinula mehr oder minder deutlich ab. Wie bei der Mehlmotte kann auch bei der Wachsmotte die Anzahl der Stemmata reduziert sein.

Abb. 6g gibt die linke Augenscheide (Pa) einer Puppe wieder. Sie nimmt den größten Teil einer in den Puppenpanzer eingefügten Kutikularplatte ein. Die Puppenaugenscheide wird durch eine sichelförmige Furche (F) in zwei flache, von hellerer Kutikula bedeckte Wülste (vW, hW) unterteilt, deren einer (vW) meist eine feine Querriefung der Kutikula erkennen läßt. Unter den beiden Wülsten der Puppenaugenscheide entwickelt sich das einheitliche Fazettenauge des Falters. Die Puppenaugenscheide wird fortan der Einfachheit halber als Puppenauge bezeichnet.

Bei den raupenähnlichsten Mischformen findet sich oft kopfwärts vor den vollkommen raupenmäßig gebildeten Stemmata innerhalb der starken, dunklen Kutikula der Kopfkapsel ein heller Streifen (Abb. 6b). Dieser hat die Form einer schmalen, oft an zwei Stellen geknickten Sichel. Bei anderen sehr raupenähnlichen Mischformen ist neben den larvalen Stemmata eine etwas differenziertere sichelförmige Struktur vorhanden: Der helle Streifen ist in seiner ganzen Länge durch eine Furche (F) in zwei Wülste (vW, hW) unterteilt (Abb. 6c). Der vordere (in der Abbildung linke) Wulst (vW) ist ein wenig, die hintere (hW) etwas stärker gewölbt.

Bei schon puppenähnlicheren Mischformen (Abb. 6d) ist von den beiden Wülsten besonders der hintere (hW) recht ausgeprägt. Beiderseits der Furche (F) ist die Kutikula nach wie vor aufgehellt. Auf der sanften Abdachung des hinteren Wulstes (hW) liegen in der hier dunkleren Kutikula völlig larval gestaltete Stemmata. Bei recht puppenähnlichen Mischformen (Abb. 6e) sind die beiden Wülste, besonders der hintere (hW), noch kräftiger, ihre aufgehellten Zonen noch breiter. Die Abdachung des hinteren Wulstes trägt noch immer typisch raupenmäßige Stemmata. Bei den puppenähnlichsten Mischformen (Abb. 6f) sind die beiden Wülste stark abgeflacht. Ihre helleren Zonen zeigen eine außerordentliche Verbreiterung; die sie trennende Furche (F) ist

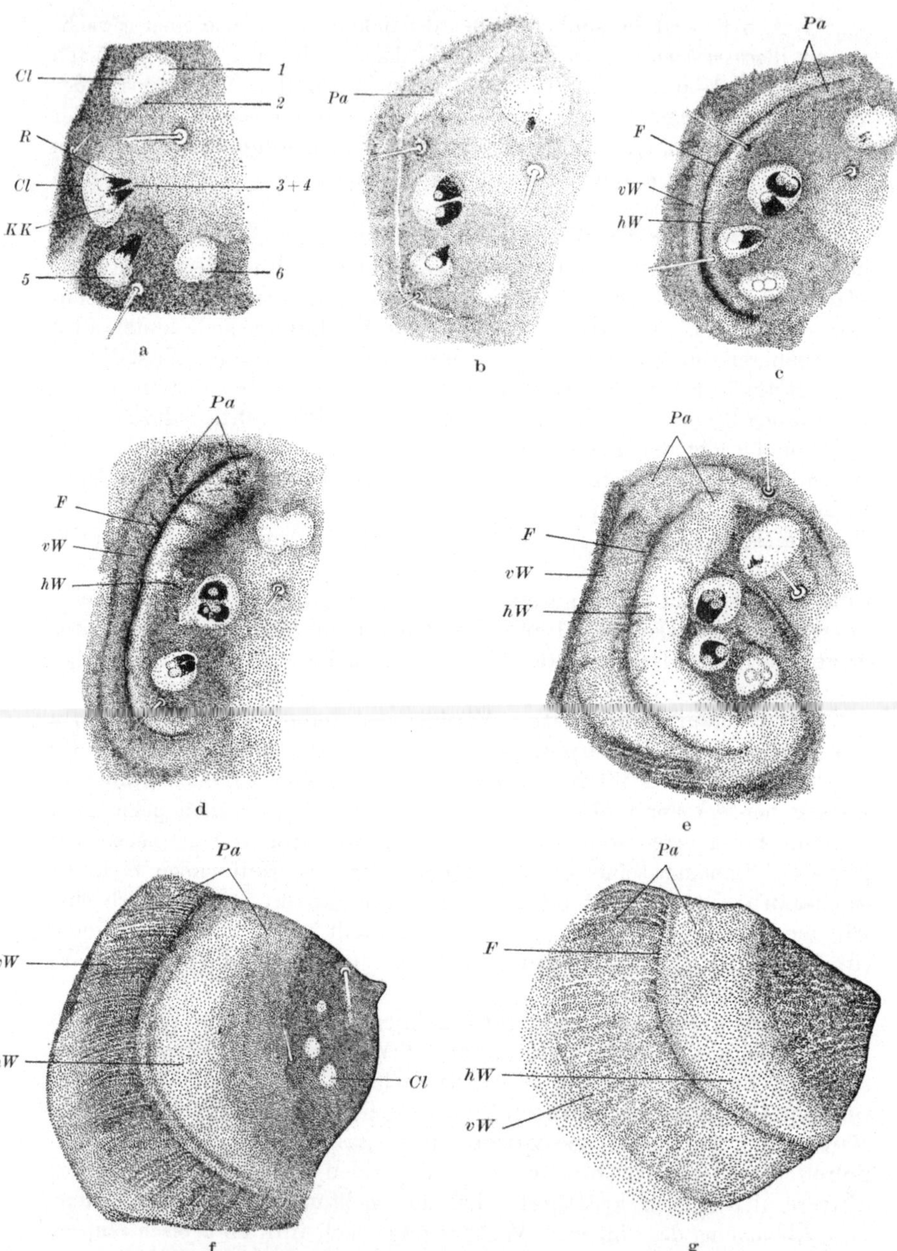

Abb. 6a—g. Die Augen der erwachsenen Raupe (a), die Augenbildungen fortschreitend puppenähnlicherer Mischformen (b—f) und die Puppenaugen (g). Abkürzungen s. Text. Vergr. 50 ×.

sehr seicht. Der vordere Wulst (vW) läßt oft eine feine Querriefung seiner Kutikula erkennen. Ein Vergleich mit der Abb. 6g ergibt ohne weiteres, daß die beiden abgeflachten, durch eine Furche voneinander getrennten, von hellerer ·Kutikula bedeckten Wülste nichts anderes darstellen, als die beiden flachen Wülste eines Puppenauges. Im Falle der Abb. 6f trägt aber die mit dunkler Kutikula versehene Abdachung des hinteren Wulstes (hW) drei winzige Cornealinsen von Raupenstemmata (Cl). Hinter diesen ist keine Spur von Kristallkegeln und Retinulazellen zu erkennen. Es ist wahrscheinlich, daß es sich hier um ,,leere'' Cornealinsen als einzige Andeutung larvaler Stemmata handelt.

Individuen, welche Augenbildungen in gleicher oder ähnlicher Ausprägung wie die abgebildeten zeigten, wurden in sehr großer Anzahl erhalten.

Es vermitteln also auch die eigenartigen Augenbildungen der Mischformen lückenlos zwischen den Larven- und Puppenaugen.

C. Die Antennen.

Die dreigliedrigen, nach vorn gerichteten Fühler der Raupe sitzen in den Antennenausschnitten der Kopfkapsel, in welche sie völlig zurückgezogen werden können. Wie die Ventralansicht der rechten Antenne einer erwachsenen Raupe zeigt, ist das Grundglied (Scapus = Sc) relativ schwach sklerosiert. An seinem oberen Rande setzen zwei Gelenkhäute an. Eine Gelenkhaut ist zwischen dem Oberrand des Scapus und den teilweise wulstig verdickten Rändern des Antennenausschnitts gespannt, sie ist nicht in die Abbildung eingezeichnet. Die andere Gelenkhaut ist mit dem basalen Rande des zweiten Antennengliedes (Pedicellus = Ped) verwachsen, in der Abbildung ist sie gut zu erkennen. Der Pedicellus ist in seinem gesamten Umfang kräftig sklerosiert. Unweit seines unteren Randes trägt er ein grubiges Sinnesorgan (Sgr), unweit seines oberen ein kurzes Haar (H 1). Unmittelbar am oberen Rande des Pedicellus inseriert ein weiteres, sehr langes, kräftiges Haar (H 2), welches sicherlich ein Tasthaar darstellt. Es ist im Falle der Abb. 7 a herabgebogen, normalerweise steht es aufrecht. Der häutigen Kuppe des Pedicellus sitzen zwei kegelförmige Sensillen, welche in dieser Form an den Mundteilen nicht gefunden wurden, und ein kleines, schlankes, haarförmiges Sinnesorgan auf. Weiterhin trägt die Kuppe ein kurzes, ringsum sklerotisiertes Glied. Dieses dürfte als einziges Geißelglied der Raupenantenne aufzufassen sein. In Hinsicht auf die Bezeichnung der Abschnitte mehrgliedriger Antennengeißeln als Annuli, ist hier das mutmaßliche Geißelglied ebenfalls als Annulus (An) bezeichnet. Der Annulus trägt seinerseits auf häutiger Kuppe unter Einschaltung eines Zwischenstücks ein kurzes Haar (H 3), welches wohl auch ein Tasthaar ist, ein kegelförmiges Sinnesorgan, welches den beiden kegelförmigen

Sensillen auf der Pedicelluskuppe gleicht, ein kleines, schlankes, haarförmiges und ein stärkeres, borstenförmiges Sinnesorgan. Die Antennen
überzählig gehäuteter Raupen sind, wie
zu erwarten, etwas größer als die von
normalen erwachsenen Raupen, gleichen
ihnen aber im übrigen völlig und können,
wie sie, in die Antennenausschnitte der
Kopfkapsel zurückgezogen werden.

Die pupalen Antennenscheiden, hier
kurz als Puppenantennen bezeichnet,
sind im Vergleich zu
den Raupenantennen
derartig groß, daß
sie bei gleicher Ver-
größerung nicht total
abgebildet werden
konnten. Sie sitzen
dem Puppenkopf mit
breiter Basis seitlich

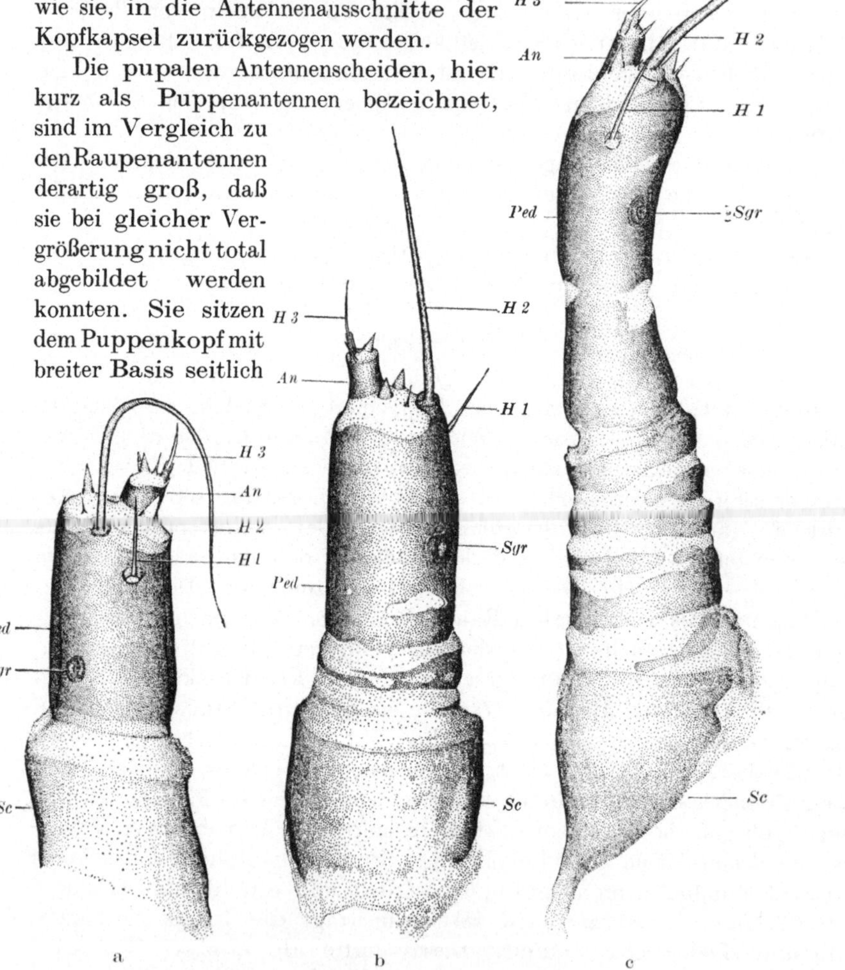

Abb. 7 a—c.

auf, Antennenausschnitte sind nicht vorhanden. Der Puppenfühler, dessen
Glieder unmittelbar nach der Häutung zur Puppe im Stadium der noch
freien Körperanhänge gut zu erkennen sind, besteht aus zwei größeren
basalen Gliedern und einem vielgliedrigen Endabschnitt. Innerhalb der

basalen Glieder entwickeln sich der Scapus und der Pedicellus der Falterantenne. Sie sind deshalb als Scapus und Pedicellus der Puppenantenne
aufzufassen. Innerhalb des vielglie-
drigen Endabschnittes bildet sich die
Geißel der Falterantenne aus, er ist
daher als Geißel der Puppenantenne

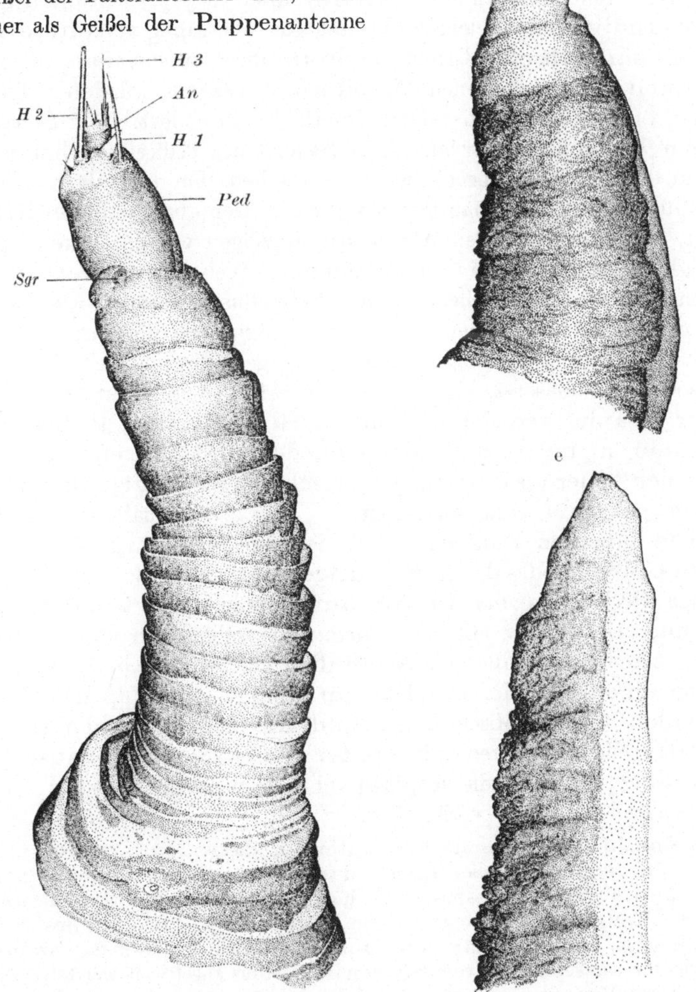

Abb. 7 a—f. Die Antenne der erwachsenen Raupe (a) und fortschreitend puppenähnlicherer Mischformen. Abkürzungen s. Text. Vergr. 145 ×.

anzusehen. Bestimmte Bezirke der Puppenantenne, welche sich über
die ganze Länge derselben erstrecken, werden in den Puppenpanzer
eingeschlossen. Diese Bezirke sind allein stärker sklerotisiert und

lassen auch bei älteren Puppen die pupale Gliederung der Antenne gut
erkennen.

Nunmehr sind die Fühler der Mischformen von Raupe und Puppe
zu besprechen.

Die geringste Abwandlung der Antennen in pupaler Richtung zeigte
sich bei Individuen, welche zunächst für überzählig gehäutete Raupen
gehalten, dann aber auf Grund der Form ihrer Antennen als die raupenähnlichsten aller erhaltenen Mischformen erkannt wurden. Die linke
Antenne einer solchen Mischform ist in 7b abgebildet. Der Scapus (Sc)
erscheint vollkommen larval. Vom Sklerit des Pedicellus aber ist basal
ringsum ein Bezirk abgegliedert. Zwischen ihm und dem restlichen
Pedicellus (Ped) liegt häutige Kutikula. Der abgegliederte Ring entspricht, wie die folgenden Abbildungen zeigen werden, einem pupalen
Geißelglied. Distal ist in entsprechender Weise die Abtrennung eines
zweiten pupalen Geißelgliedes vom Pedicellus eingeleitet, aber nicht zu
Ende geführt. Im übrigen ist der Pedicellus und der ihm aufsitzende
larvale Annulus (An) völlig raupenmäßig gestaltet und mit den larvalen
Sinnesorganen besetzt. Im Falle der Abb. 7c ist ebenfalls noch ein
larvaler Scapus vorhanden. Vom stark verlängerten Pedicellus aber
sind schon mehrere pupale Geißelglieder in Gestalt offener oder geschlossener sklerotisierter Ringe, welche durch häutige Bezirke voneinander getrennt sind, abgespalten. Etwas unterhalb der Mitte des
restlichen larvalen Pedicellus (Ped) ist die Abtrennung eines weiteren
pupalen Geißelgliedes durch ein häutiges Fenster angedeutet. Im übrigen
sind der Pedicellus und der ihm aufsitzende larvale Annulus in ihrer
Form und Besetzung mit Sinnesorganen vollkommen larvenmäßig gestaltet. Als einigermaßen puppenähnlich erscheint die in 7d abgebildete
Antenne einer Mischform, welche im übrigen sehr raupenähnlich war.
Die Fühler solcher Mischformen sind wie Larvenantennen nach vorn
gerichtet. Sie inserieren mit breiter Basis in Antennenausschnitten,
können aber nicht in die Kopfkapsel zurückgezogen werden. Ein larvaler Scapus ist nicht vorhanden.

Die Anzahl der Präparate von Antennen dieses Typus reichte nicht aus,
um zu entscheiden, ob die Glieder des breiten Antennensockels durch Aufgliederung des larvalen Scapus entstehen, ob sie sich von Scapus *und* Pedicellus der Raupe herleiten, oder ob der Larvenscapus nach Art des Palparium
maxillare (vgl. Abb. 2) häutig wird und schließlich verschwindet, während die
Sockelglieder ausschließlich vom larvalen Pedicellus abgetrennt werden. Auch aus
den Ansatzstellen der Gelenkhaut, welche sich zwischen den Rändern des Antennenausschnitts und der Antenne ausspannt, konnten diesbezügliche Schlüsse
nicht gezogen werden.

Das Basalglied der Antenne kann als pupaler Scapus, das darauf-
folgende Glied als pupaler Pedicellus aufgefaßt werden. An den letzteren
schließt sich eine aus zahlreichen Gliedern bestehende pupale Antennengeißel an, welche indessen in ihrer Gliederzahl hinter der normalen

Puppengeißel sehr weit zurücksteht. Der Spitzenabschnitt der Antenne ist dem distalen Abschnitt des larvalen Pedicellus äußerst ähnlich. In seiner Wand ist das larvale grubige Sinnesorgan (Sgr) deutlich zu erkennen. Die Kuppe trägt neben den beiden larvalen Haaren H 1 und H 2 (H 2 ist abgebrochen) die zwei larvalen kegelförmigen Sensillen, das schlanke haarförmige Sinnesorgan und den larvalen Annulus (An). Dem letzteren sitzen, ganz wie bei der Raupe, unter Einschaltung eines Zwischenstücks das Haar H 3, ferner das kegelförmige, das haarförmige und das borstenförmige Sinnesorgan auf (letzteres ist verdeckt). Mit fortschreitender Zunahme der Puppenähnlichkeit der Mischformen nähern sich auch die Antennen immer mehr der pupalen Größe und Gestalt. Die larvale Sklerotisierung, welche sowohl im pupalen als auch im larvalen Abschnitt der Antenne durch eine im ganzen Umfang des Organs ausgebildete kräftige Kutikula gekennzeichnet ist, tritt immer mehr zurück. Hand in Hand damit macht sich die pupale Sklerotisierung, welche an der Ausbildung einer kräftigen Kutikula nur etwa im halben Umfang der Antenne kenntlich ist, immer stärker bemerkbar. Gleichzeitig schreitet die Aufgliederung des distalen Abschnitts des larvalen Pedicellus in pupale Geißelglieder fort und beginnt die Rückbildung der larvalen Differenzierungen an der Spitze des Pedicellus. An der Antennenbasis werden der pupale Scapus und Pedicellus immer typischer ausgebildet. Die Antennen sind in zunehmendem Maße nach hinten gerichtet. In Abb. 7 e, welche das Ende der Antenne einer puppenähnlichen Mischform vorstellt, nimmt der pupal sklerotisierte Bereich den größten Teil der dem Beschauer zugewandten Fläche ein. Die pupalen Geißelglieder sind klar erkennbar. Vom pupal häutigen Bereich der Antenne ist nur rechts in der Abbildung ein schmaler Streifen zu sehen, er zeigt die pupale Gliederung nicht. Die zarthäutige Spitze der Antenne läßt die Sinnesgrube, die larvalen Haare H 1 und H 2, den larvalen Annulus (An) und die Sinnesborste desselben vermissen. Die übrigen larvalen Sinnesorgane sitzen der Kuppe unmittelbar auf. An der Antennenbasis ist ein typisch pupaler Scapus und ein ebensolcher Pedicellus vorhanden. Eine Stufenreihe von Antennen mit immer stärker reduzierten larvalen Organen leitet über zu der in 7 f in ihrem Endabschnitt abgebildeten Antenne einer recht puppenähnlichen Mischform, deren Spitze keine larvalen Organe mehr trägt. Die Antenne ist damit ihrer Gestalt nach schon eine Puppenantenne. In ihrer Größe bleibt sie ein wenig hinter der typischen Puppenantenne zurück.

Die Antennen der Mischformen von Raupe und Puppe sind also ebenfalls Organe, welche sowohl larvale als auch pupale Merkmale der Form und Struktur tragen. Auf Grund des jeweils verschiedenen Anteils dieser Merkmale läßt sich eine Reihe aufstellen, welche zwischen den Antennen der Larve und den Fühlern der Puppe vermittelt. Die Betrachtung dieser Reihe ergibt unter anderem, daß die pupale Gliederung der Antennengeißel bei den Mischformen nicht vom larvalen Annulus ausgeht, sondern durch Aufgliederung des sich verlängernden larvalen Pedicellus zustande kommt.

D. Die Thorakalbeine.

Die Brustbeine der Raupen sind typisch gegliederte Insektenbeine. Das Bein besteht somit aus Coxa, Trochanter, Femur, Tibia und Tarsus. In der Abb. 8a ist das linke Prothoraxbein einer erwachsenen Raupe wiedergegeben.

Um die Gelenkungsverhältnisse wenigstens teilweise veranschaulichen zu können, wurde das Bein aus seiner natürlichen, nach vorn auswärts gerichteten Lage caudalwärts gebogen und in dieser Stellung fixiert und gezeichnet.

Die dem Körperstamm aufsitzende Coxa ist im größten Teil ihres Umfanges sklerotisiert und trägt 8 Haare. An der Stelle, an welcher die Sklerotsierung den distalen Rand der Coxa erreicht, befindet sich der Gelenkkopf des einzigen Angelpunkts (C1) des Coxotrochantergelenks. Ihm gegenüber weist das sklerotisierte Band, welches den Trochanter (Tr) kennzeichnet, eine flache Gelenkpfanne auf. Das Coxotrochantergelenk ist also ein monocondyles Gelenk. Das Trochantersklerit ist nicht gelenkig, sondern durch eine sklerotisierte Brücke mit der größtenteils sklerotisierten Basis des Femur (Fe) verbunden. Zwischen Trochanter und Femur sitzen im membranösen Bereich ein Haar und drei Sinnesgruben. Der Femur trägt 2 Haare und an seinem distalen Rand den Gelenkkopf des einzigen Angelpunkts (C2) zwischen Femur und Tibia. Dem Gelenkkopf gegenüber liegt die tibiale Gelenkpfanne. Die Tibia (Ti) ist nur in einem Teil ihres Umfanges kutikularisiert. Sie besitzt in der Nähe ihres distalen Randes 6 Haare und eine Sinnesgrube. Ebenso wie das Femorotibialgelenk weist auch das Tibiotarsalgelenk nur einen einzigen Angelpunkt auf. Es stellt also, wie jenes, ein monocondyles Gelenk dar.

Die Tatsache, daß zwischen dem Gelenkkopf und der Gelenkpfanne oft auch bei stärkerer Vergrößerung kein Zwischenraum zu erkennen ist, dürfte auf dem äußerst engen Aneinanderliegen von Kopf und Pfanne beruhen (vgl. dazu WEBER, 1933, S. 128).

Der fast in seinem ganzen Umfang kräftig kutikularisierte Tarsus (Ta) besitzt 4 Haare, eine Sinnesgrube und eine größere Anzahl unechter Haare. Ein Teil der letzteren gleicht den unechten Haaren des larvalen Hypopharynx. Dem oberen Teil des Tarsus sitzt die Klaue (Kl) gelenkig auf.

Im Gegensatz zu den Raupenbeinpaaren sind die Paare der Puppenbeinscheiden, welche hier kurz als Puppenbeine bezeichnet sind, etwas verschieden gestaltet. Der folgenden Betrachtung ist daher stets das linke Prothoraxbein der normalen Puppe und der Mischformen zugrunde gelegt. Abb. 8g stellt das Bein einer jungen Puppe unmittelbar nach dem Abstreifen der Raupenkutikula in Ventralansicht dar. Das Puppenbein weist nicht die typische Gliederung des Insektenbeins auf, es lassen sich nur drei Abschnitte an ihm unterscheiden. Auf einen basalen absteigenden Abschnitt folgt ein mittlerer aufsteigender, welcher von einem lateralen Flügel des Basalabschnittes größtenteils überdeckt wird. Das distale Ende des Basalabschnitts ist mit dem proximalen des Mittelabschnitts auf eine Strecke hin verwachsen. Demzufolge scheint der Mittelabschnitt ziemlich hoch am Basalabschnitt anzusetzen. An den mittleren Abschnitt schließt sich ein langer, absteigender Endabschnitt. Im basalen Abschnitt entwickelt sich vor allem die imaginale Coxa, er ist daher als Coxalabschnitt des Puppenbeins (Cx) bezeichnet. In der Umbiegung zum Mittelabschnitt differenziert sich der imaginale Trochanter. Im Mittelabschnitt vollzieht sich die Entwicklung des Femur der Imago, er wird aus diesem Grunde femoraler Abschnitt des Puppenbeins (Fe) genannt. Im Endabschnitt schließlich entwickeln sich Tibia und Tarsus des Falters, er ist demzufolge als tibiotarsaler Abschnitt des Puppenbeins (Tita) gekennzeichnet. Nur bestimmte Bezirke der ventralen Oberfläche des Puppenbeins werden nicht von anderen Anhängen überdeckt. Sie liegen oberflächlich und werden in den Puppenpanzer eingefügt. Nur in diesen Bezirken vollzieht sich eine stärkere Sklerotisierung der Kutikula. Schon kurz nach dem Abstreifen der Raupenhaut sind am Puppenbein diese Areale an der stärkeren Runzelung zu erkennen. Um ihre Lage besser veranschaulichen zu können, sind sie in der Abbildung etwas kräftiger hervorgehoben als im zugrunde liegenden Präparat. Im coxalen Abschnitt des Puppenbeins beschränkt sich die Kutikularisierung auf die ventrale Oberfläche des lateralen Flügels, welcher den femoralen Beinabschnitt (Fe) überlagert (dieses Areal ist in der Abbildung mit einem $+$ markiert). Im Bereich der Umbiegung zum femoralen Abschnitt, in der Region des Trochanter also, ist die Kutikula ebenfalls sklerotisiert (dieses Areal ist durch einen * kenntlich gemacht). Im tibiotarsalen Abschnitt erstreckt sich die Sklerotisierung der Kutikula über den größten Teil der ventralen Fläche (in der Abbildung durch einen $\bigcirc$ gekennzeichnet).

Bei den raupenähnlichsten Mischformen gleicht das Prothoraxbein, abgesehen von seiner Größe, noch völlig dem der normalen erwachsenen Raupe. Bei anderen, noch sehr raupenähnlichen Formen aber machen sich an ihm Abänderungen bemerkbar. Diese müssen auf Grund des Vergleichs mit Beinen puppenähnlicherer Mischformen als schwache Abänderungen in pupaler Richtung aufgefaßt werden.

Das linke Prothoraxbein eines sehr raupenähnlichen Individuums ist in 8b in seiner natürlichen, nach vorn auswärts gerichteten Haltung vorgestellt. Die Coxa (Cx) ist in ihrer Sklerotisierung, Behaarung und Artikulation mit dem Trochanter völlig larval. Auch das Trochantersklerit (Tr) ist vorwiegend larvenmäßig gebildet. Nur über seinem

Cx
C 1
C 2
Paramediane
Tr
Fe
Ti
Ta
Kl
a
Kl
Ta
Ti
Tr
Fe.
*
Cx
C 1
F
Ti
b
Tita
Kl
Fe
*
Tr
Cx
c
LSkl
Cx
+
Fe
*
Tita
e
LSkl
Cx
+
Fe
Tita
*
Kl
d

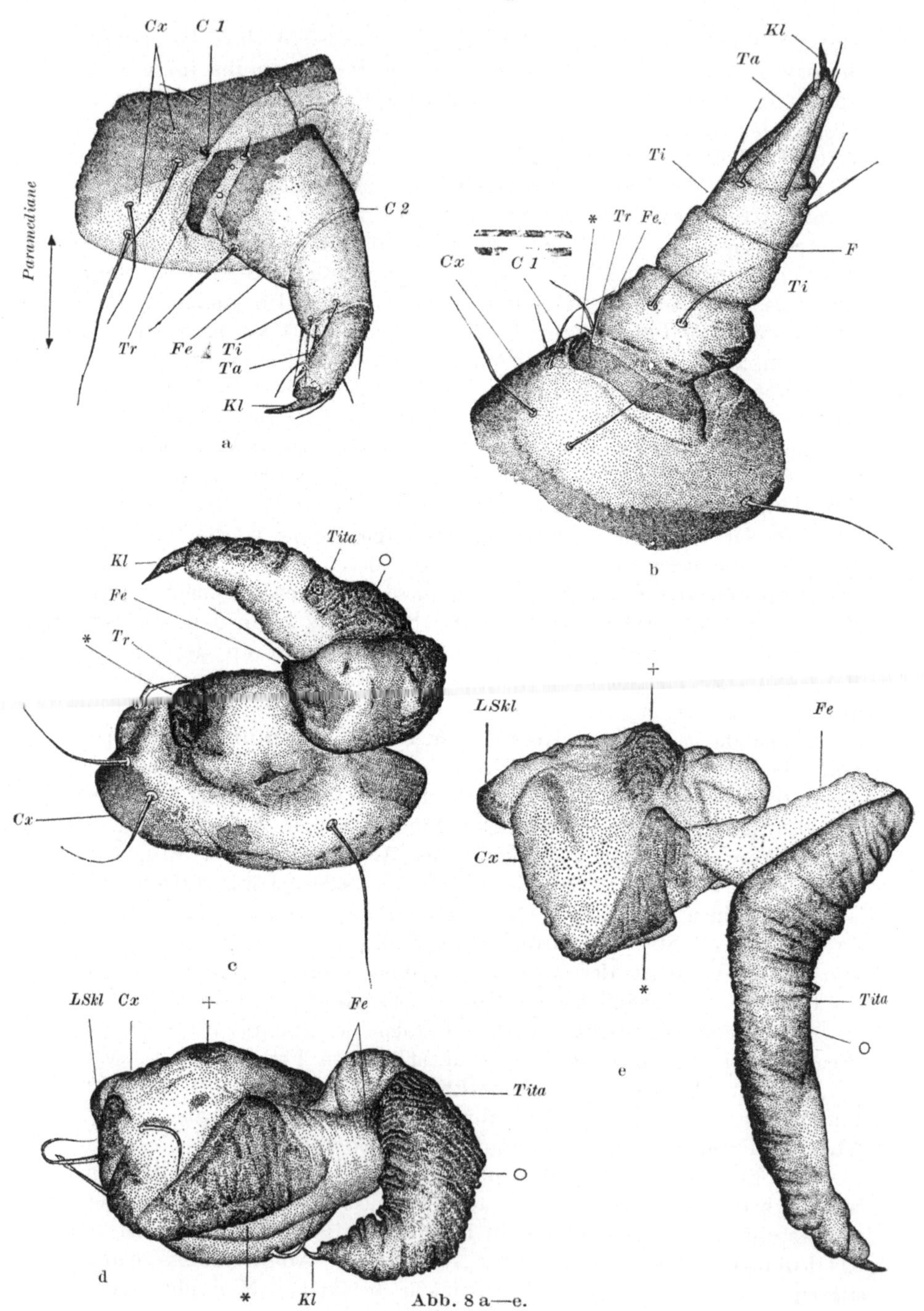

Abb. 8 a—e.

Angelpunkt (C 1) mit der Coxa findet sich auf beschränktem Raum eine stärkere, faltig wulstige Kutikula, welche bei Raupen in dieser Ausprägung nicht vorhanden ist. Die weiteren Abbildungen werden erkennen lassen, daß es sich hier um eine Andeutung der sklerotisierten Kutikula in der pupalen Trochanterregion handelt. Demzufolge ist sie, wie diese, mit

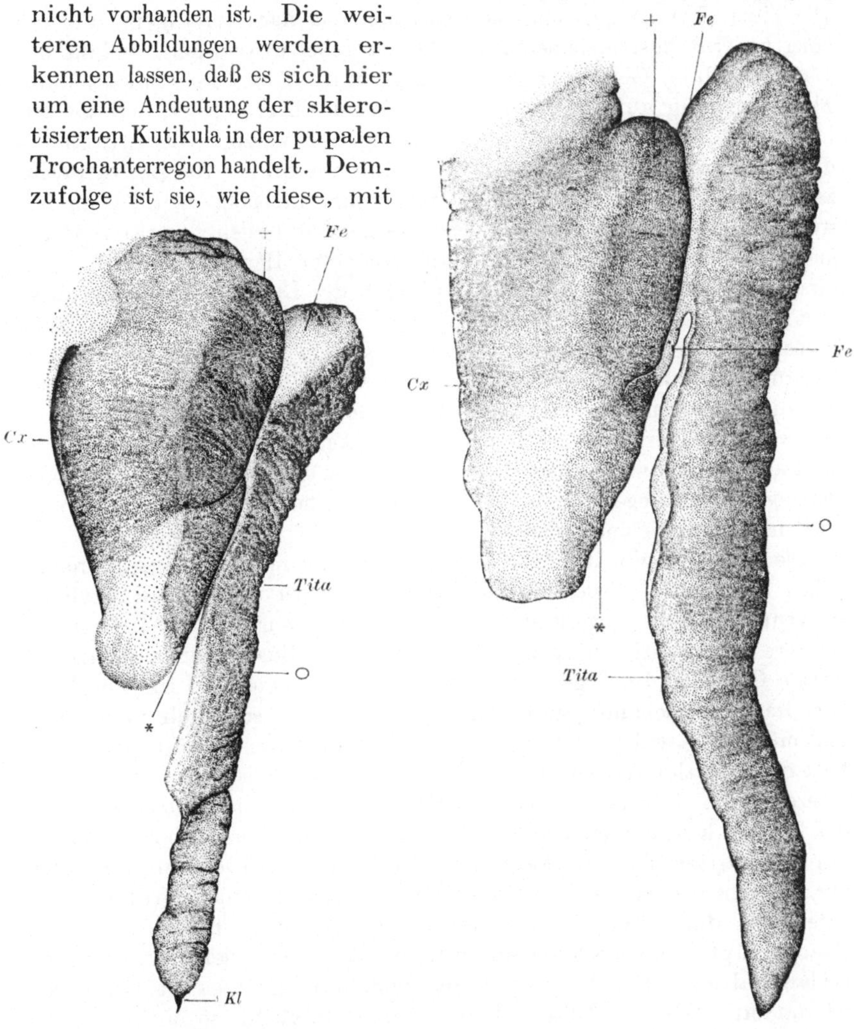

Abb. 8a—g. Das Prothoraxbein der erwachsenen Raupe (a), fortschreitend puppenähnlicherer Mischformen (b—f) und der Puppe (g). Abkürzungen s. Text. Vergr. a—f 35 ×, g 30 ×.

einem * bezeichnet. Oberhalb des Trochanter finden sich, wie bei Raupen, ein kurzes Haar und drei Sinnesgruben. Die basale Sklerotisierung des Femur (Fe) ist sehr viel schwächer als bei Raupen. Hiermit steht wohl die ringförmige Einsenkung an seiner Basis im Zusammenhang. Auch im übrigen ist die Sklerotisierung des Femur auf kleinere Bezirke als bei der Raupe beschränkt. Die beiden femoralen Haare und der Angelpunkt mit der Tibia gleichen den entsprechenden Bildungen der Larve. Die Tibia (Ti) ist gegenüber der Raupentibia stark verlängert und mit einer ventral besonders deutlichen Querfurche (F) versehen, welche den Eindruck eines Gelenks erweckt. Auch an der Tibia beschränkt sich die Sklerotisierung auf kleinere Areale als bei der Larve. Dort, wo sie vorhanden ist, erscheint die Kutikula faltig und warzig. Die unweit des distalen Randes inserierenden Haare sind, wie bei der Raupe, in Sechszahl vorhanden. Das Tibiotarsalgelenk ist larval gebildet. Der Tarsus (Ta) stellt, abgesehen von einem Höheransetzen der beiden ventralen Haare und dem Fehlen einer Gruppe von unechten Haaren, einen Larventarsus dar. Auch die Klaue (Kl) gleicht der Larvenklaue. Wie diese sitzt sie dem Tarsus gelenkig auf. Bei anderen, insgesamt noch recht raupenähnlichen Mischformen, kann das Bein schon sehr deutlich in Richtung auf den Puppenzustand abgewandelt sein. In solchen Fällen sind die larvalen Abschnitte noch oft an den larvalen Haaren erkennbar. Mit weiterer Zunahme der Puppenähnlichkeit verschwinden nach und nach auch die markierenden Haare. Es lassen sich dann nur noch solche Beinabschnitte gegeneinander abgrenzen, welche sowohl bei Raupen als auch bei Puppen vorhanden sind.

Die Abb. 8c gibt das linke Vorderbein einer noch recht raupenähnlichen Mischform wieder. Es ist wieder in seiner natürlichen Stellung in Ventralansicht abgebildet. Die Coxa (Cx) zeigt durch ihre basal stärkere Sklerotisierung und die 4 erhaltenen Haare eine vorwiegend larvale Gestalt. Im Gegensatz dazu ist der Trochanter (Tr) im Vergleich zum Raupentrochanter stark abgewandelt. Er ist erheblich verlängert und mit faltig-wulstiger Kutikula versehen. Diese entspricht der Kutikula der pupalen Trochanterregion und ist daher, wie diese, mit einem * bezeichnet. Der larvale Condylus zwischen Coxa und Trochanter fehlt, das larvale kurze Haar und die Sinnesgruben über dem oberen Rande des Trochanter sind verschwunden. Der Femur (Fe), dessen Kutikula nur stellenweise etwas sklerotisiert ist, hat sich in seiner Größe wenig gegenüber dem Raupenfemur verändert. Von den beiden larvalen Haaren trägt er nur noch eins (in anderen, ähnlichen Fällen sind indessen beide erhalten). Der Angelpunkt des Femorotibialgelenks ist völlig geschwunden. Was die Tibia und den Tarsus anbetrifft, so sind sie, wie bei der Puppe, nicht gegeneinander abgegrenzt. (Eine ungefähre Abgrenzung ist indessen in anderen, ganz ähnlich gelagerten Fällen auf Grund vorhandener Larvenhaare noch möglich.) Der Endabschnitt des Beines ist daher, wie der entsprechende Abschnitt des Puppenbeines, als tibiotarsaler Abschnitt (Tita) zu bezeichnen. Die Kutikula des Tibiotarsus ist medial häutig, lateral dagegen sklerotisiert, in zahlreiche Falten gelegt und mit Warzen versehen. Sie bietet demnach hier das gleiche Aussehen wie die sklerotisierte Kutikula eines mangelhaft gestreckten Puppenbeines. Tatsächlich entspricht auch der laterale, stärker kutikularisierte Bereich des Tibiotarsus dem im Zusammenhang mit seiner Einbeziehung in den Puppenpanzer sklerotisierten Bereich des pupalen Tibiotarsus. Er ist daher, wie dieser, in der Abbildung durch einen ◯ markiert. Von den larvalen Differenzierungen der Tibia und des Tarsus ist lediglich eine Gruppe unechter Haare vorhanden. Die noch deutlich larvale Klaue (Kl) sitzt dem Tarsus ungelenkig auf.

Die Mischform, deren linkes Prothoraxbein durch Abb. 8d in Ventralansicht wiedergegeben ist, war noch einigermaßen raupenähnlich. Das Bein selbst läßt neben schwach larvalen schon sehr stark pupale Merkmale erkennen. Zunächst fällt auf, daß sein Endabschnitt nicht, wie der des larvalen und larvenähnlichen Beins nach vorn-auswärts, sondern wie der Endabschnitt des Puppenbeins nach hinten gerichtet ist. Die Coxa (Cx), noch mit 4 Raupenhaaren versehen, trägt an ihrer Basis eine raupenmäßig sklerotisierte Kutikula (1 Skl). Gleichfalls an der Basis besitzt sie ein Areal, in welchem die kräftig sklerotisierte Kutikula faltig und warzig ausgebildet ist. Da dieses Areal, wie die folgenden Abbildungen zeigen werden, eine Andeutung des sklerotisierten Coxalbereiches eines Puppenbeines darstellt, ist es, wie dieser, durch ein + kenntlich gemacht. Der pupal sklerotisierte Bezirk, welcher die Region des Trochanter kennzeichnet, ist sehr erweitert und infolge der veränderten Beinlage in seiner ganzen Ausdehnung sichtbar (*). Irgendwelche larvalen Differenzierungen sind hier, wie auch am größtenteils häutigen Femur (Fe), nicht erkennbar. Am Tibiotarsus ist die Verteilung der membranösen und pupal sklerotisierten (◯) Bezirke völlig puppenmäßig. Larvale Differenzierungen sind hier nicht mehr zu bemerken. Die Klaue (Kl) ist klein, atypisch und ungelenkig mit dem Tibiotarsus verbunden.

Das in Abb. 8e wiedergegebene Bein ähnelt schon sehr dem Puppenbein. Der coxale Beinabschnitt (Cx) hat sich etwas in der Längsrichtung des Tieres gestreckt. Nur an einer Stelle seiner Basis findet sich eine Andeutung der larvalen Sklerotisierung (1 Skl). Larvenhaare fehlen am Coxalabschnitt vollkommen. Stark vergrößert zeigt sich jener sklerotisierte Bezirk (+), welcher bei Puppen die Oberfläche des lateralen Flügels der Coxa einnimmt. Der zweite, in der Trochanterregion entstandene, puppenmäßig sklerotisierte Bezirk (*) nimmt zu dem ersten (+) die gleiche Lage wie am Puppenbein ein. Der femorale Abschnitt (Fe) ist häutig. Der tibiotarsale Abschnitt (Tita) hat sich weiter verlängert, in seiner Sklerotisierung gleicht er dem tibiotarsalen Beinabschnitt der Puppe. Die Klaue (Kl) ähnelt der Larvenklaue; sie ist wiederum ungelenkig mit dem Tibiotarsus verbunden.

Abb. 8f endlich stellt das Bein einer sehr puppenähnlichen Mischform dar. Der Coxalabschnitt (Cx) gleicht schon weitgehend dem der Puppe. Er überdeckt, wie bei dieser, mit einem seitlichen Flügel, dessen Oberfläche sklerotisiert (+) ist, den größtenteils häutigen femoralen

Beinabschnitt (Fe). Der zweite in der Trochanterregion kutikularisierte Bezirk (*) zeigt den pupalen Umriß und die puppenmäßige Lage. Der tibiotarsale Beinabschnitt (Tita) nähert sich in seiner Länge und Stärke dem der Puppe; in der Verteilung der membranösen und sklerotisierten Zonen gleicht er ihm. Er läuft in einem kleinen Dorn (Kl) aus, welcher die Larvenklaue andeutet.

Die meso- und metathorakalen Beine der Mischformen weisen jeweils ähnliche Zustände wie die Prothorakalbeine auf. Indessen sind sie fast in jedem Falle etwas puppenähnlicher als diese.

Die Betrachtung der Thorakalbeine der Mischformen ergibt, daß sie lückenlos zwischen den larvalen und pupalen Brustbeinen vermitteln.

E. Die Afterfüße und Nachschieber.

Die Raupe trägt vom 3.—6. Abdominalsegment je ein Paar Afterfüße. Im Gegensatz zu den wohlgegliederten Brustfüßen stellen die Afterfüße ungegliederte Ausstülpungen der Bauchhaut dar. An ihrer Basis sind sie von einem schmalen Ring sklerotisierter Kutikula, welchem wohl eine Stützfunktion zukommt, umgeben. Der distale Rand der Füße trägt einen Kranz kräftiger Häkchen (Kranzfüße). Bei der Puppe sind als Reste der larvalen Afterfüße lediglich rundliche, faltig-narbige Bezirke in der Kutikula zu erkennen. Bei sehr raupenähnlichen Mischformen sind die Afterfüße rein larval gebildet. Mit zunehmender Puppenähnlichkeit aber werden an ihnen Veränderungen in pupaler Richtung, zunächst in Gestalt einer Verkleinerung und Schwächung der Häkchen, bemerkbar. Der basale Ring erscheint weiterhin in seiner larvalen Prägung. Schließlich stellen die Häkchen nur winzige, zarte Auswüchse dar; am Ende verschwinden sie ganz. Der basale Ring bleibt etwas länger erhalten als der Häkchenkranz.

Das larvale Nachschieberpaar ist bei Puppen gleichfalls nicht erhalten. Bei Mischformen lassen sich an ihm wie an den Afterfüßen alle zwischen dem larvalen und dem pupalen Zustand vermittelnde Stufen feststellen.

F. Die Flügel.

W. Köhler (1932) hat die Flügelentwicklung bei der Mehlmotte eingehend untersucht. Schon im ersten Raupenstadium sind die Anlagen der Flügelimaginalscheiben in Form von vier Gruppen höherer Hypodermiszellen nachweisbar. Während der folgenden Larvenstadien wachsen die Imaginalscheiben heran und stellen gegen Ende des letzten (6.) Stadiums scheibenförmige Organe dar, welche in die Imaginalscheibensäckchen hineinhängen. Zwischen den Epithelien der Ober- und Unterseite verlaufen mehrere Tracheen. Im Vorpuppenstadium werden die Imaginalscheiben durch Vorgänge, welche Köhler im einzelnen analysiert hat, aus ihren Säckchen in den Exuvialraum zwischen alter und neuer Kutikula ausgestülpt. Ihre hier erfolgende beträchtliche Vergrößerung führt aus mechanischen Gründen zu einer ganz bestimmten Faltung. Noch vor der Häutung zur Puppe wird von den Epithelien eine Chitinlage abgeschieden, welche der späteren Puppenexokutikula entspricht. Bei der dann folgenden Puppenhäutung und noch kurz danach streckt sich der Flügel. Darauf wird auch die Puppenendokutikula abgeschieden und die schon vorhandene Puppenexokutikula mit Pigment und Inkrusten versehen. Es kann kein Zweifel daran bestehen, daß sich die Flügelentwicklung bei der nahe verwandten Wachsmotte in grundsätzlich gleicher Weise vollzieht wie bei der Mehlmotte. Bei der normalen, erwachsenen, noch nicht in das Vorpuppenstadium eingetretenen Raupe von *Galleria* ist die farblose Flügelimaginalscheibe auch bei stärkerer Binokularvergrößerung nicht durch die Thoraxhaut hindurch erkennbar. Das gleiche gilt für Versuchstiere, welche sich auf Grund der Implantation von Corpora allata anstatt zur Puppe zur völlig typischen Raupe häuteten. Auch solche Individuen, welche sich durch schwach pupale Merkmale an den Antennen als raupenähnlichste Mischformen ausweisen, lassen in der Flügelregion zumeist keine Veränderungen gegenüber der normalen erwachsenen Raupe erkennen. Bei anderen raupenähnlichen Mischformen sind jedoch Veränderungen ohne weiteres schon bei Totalansicht besonders in der Vorderflügelregion zu bemerken. In solchen Fällen zeichnen sich unter der larvalen Haut des Thorax deutlich bräunliche Gebilde ab. An Schnitten läßt sich folgendes feststellen: Es handelt sich hier um Flügelimaginalscheiben, welche vor der Häutung der Versuchstiere zur Mischform nicht in den Exuvialraum ausgestülpt, sondern innerhalb des Imaginalscheibensäckchens unter der Hypodermis liegen geblieben und etwas herangewachsen sind. Insoweit befinden sich also die Imaginalscheiben in einem einigermaßen larvalen Zustand. Die Schnitte zeigen aber weiter, daß an diesen Imaginalscheiben außerdem auch typisch pupale Prozesse abgelaufen sind. Die Epithelien haben nämlich stellenweise eine völlig pupal strukturierte und pigmentierte Kutikula abgeschieden. Diese Puppenkutikula ist es, welche die Imaginalscheiben bräunlich durch die Haut schimmern läßt. Die Imaginalanlagen sind also in diesen Fällen Mischbildungen zwischen larvaler Imaginalscheibe und pupalem Flügel. Andere sehr raupenähnliche Mischformen besitzen Flügelimaginalscheiben, welche unter der Hypodermis etwas weiter herangewachsen und gefaltet sind. Auch sie weisen eine typische Puppenkutikula auf. Oft findet sich über solchen Imaginalscheiben in der Haut eine rundliche Öffnung, aus welcher die Scheiben mehr oder weniger herausragen (Abb. 9a). Diese Öffnung stellt nichts anderes dar, als die erweiterte Öffnung des Imaginalscheibensäckchens gegen den Exuvialraum, durch welche sich im Normalgeschehen die Imaginalscheibe völlig ausstülpt. In Fällen wie dem der Abb. 9a ist zwar der Ausstülpungsprozeß eingeleitet, aber nicht durchgeführt. Bei anderen Versuchstieren sind die Flügelimaginalscheiben vor der Häutung zur Mischform zwar völlig in den Exuvialraum ausgestülpt, dort aber nur wenig

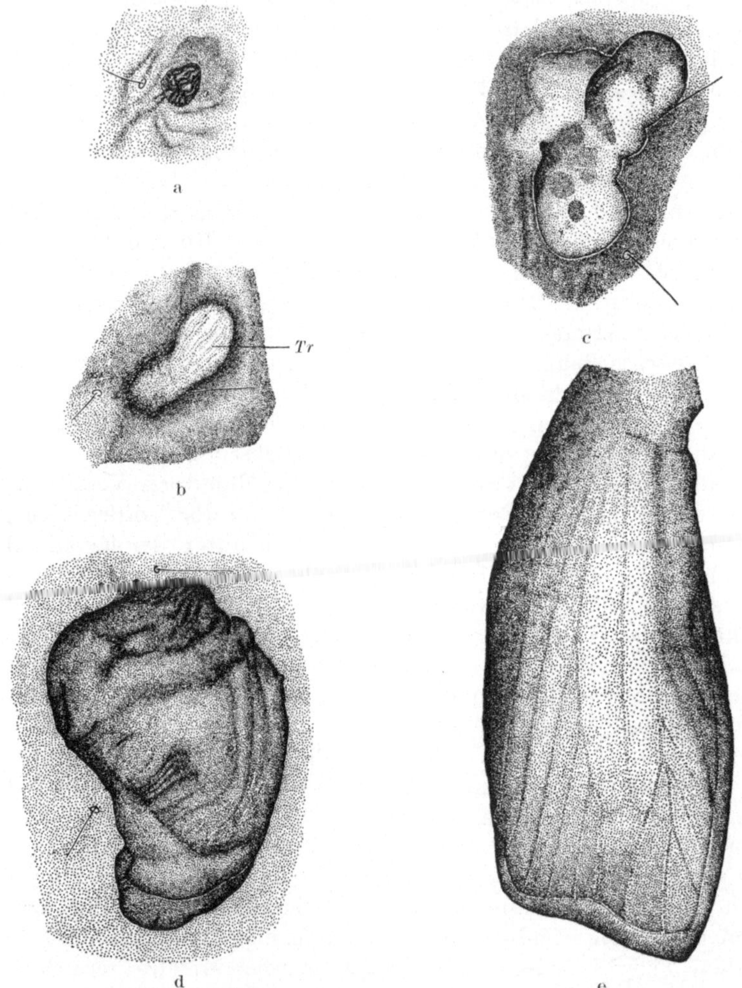

Abb. 9a — e. Flügel fortschreitend puppenähnlicherer Mischformen (a — d) und der
Puppe (e). Abkürzungen s. Text. Vergr. a—d 19 ×, e 14 ×

herangewachsen. Eine Hinterflügelimaginalscheibe dieses Typus ist in 9 b
abgebildet. Sie läßt infolge ihrer Bedeckung mit der zarteren Kutikula des pupalen Hinterflügels die Tracheen (Tr) gut erkennen. Bei
puppenähnlicheren Mischformen sind die Flügelimaginalscheiben völlig
ausgestülpt und zu größeren, flachen Flügeln herangewachsen. Der

Vorderflügel trägt auf seiner Oberseite die kräftige Kutikula des Puppenpanzers. Nicht selten stellen die Flügel aber auch kolbige Auswüchse dar, welche, wenn es sich, wie im Falle der Abb. 9c, um Vorderflügel handelt, stellenweise die stärkere Kutikularbedeckung der Oberseite tragen. Abb. 9d gibt den linken Vorderflügel einer schon einigermaßen puppenähnlichen Mischform wieder. Der Flügel ist stark herangewachsen, bleibt aber in seiner Größe erheblich hinter dem Puppenvorderflügel (Abb. 9e) zurück. Auf seiner Oberseite trägt er eine kräftige, auf seiner Unterseite eine schwache Puppenkutikula. Zwischen diesem Flügelzustand und dem der normalen Puppe vermitteln die Flügel anderer, sehr puppenähnlicher Mischformen. Größere, aber immer noch unvollständig gestreckte Flügel leiten zu solchen über, welche ihren Mischcharakter nur durch eine gegenüber dem Puppenflügel etwas geringere Länge verraten. Es lassen sich also auch die Flügel der Mischformen auf Grund der verschiedenen Anteile von larvalen und pupalen Merkmalen zu einer Reihe anordnen, welche lückenlos zwischen der Flügelimaginalscheibe der erwachsenen Raupe und dem Flügel der Puppe vermittelt.

III. Die unterschiedliche Reaktion verschiedener Körperbezirke auf den Corpora allata-Wirkstoff.

Bei der Besprechung der Mischformen wurde dargelegt, daß nicht sämtliche Differenzierungen des einzelnen Organs in gleichem Abstand zwischen der larvalen und der pupalen Ausprägung stehen. Ferner geht aus ihr hervor, daß sich gleichfalls nicht sämtliche betrachtete Organe des Individuums auf gleicher Stufe zwischen dem raupenmäßigen und dem puppenmäßigen Zustand befinden, sondern verschiedene Zwischenstufen besetzen.

Die letztere Erscheinung soll an Hand von Mischformen, welche auf Grund ihrer *Gesamterscheinung* verschiedene Stationen zwischen Raupe und Puppe einnehmen, ausführlicher besprochen werden. Im folgenden sind die puppenähnlichsten Typen in der Besprechung vorangestellt.

Die puppenähnlichsten Mischformen unterscheiden sich äußerlich von normalen Puppen nur darin, daß sie am Implantationsort inmitten der abdominalen Puppenkutikula eine Einsprengung von Raupenkutikula besitzen. Die histologische Untersuchung des Implantationsorts ergab, daß dort stets eine *einheitliche* Kutikula ausgebildet ist, welche die typisch pupalen und die typisch larvalen Kutikularstrukturen *räumlich nebeneinander* aufweist. In diesen Fällen ist also die Häutung zur Puppe nur lokal in unmittelbarer Nachbarschaft der Implantate zugunsten einer überzähligen Raupenhäutung gehemmt. Diese Erscheinung könnte etwa dadurch zustande kommen, daß das Inkret der implantierten Corpora allata in einer geringen oder aus anderen Gründen wenig wirksamen Menge abgegeben, über die unmittelbare Nähe des

Abgabeortes nicht hinausgelangt und nur hier wirksam wird. Eine weitere Möglichkeit ist, daß das wenig wirksame Inkret sich zwar auf dem Blutwege im ganzen Körper ausbreitet, daß aber nur die besonders empfindliche Hypodermis des Wundbereichs darauf ansprechen kann.

Für diese zweite Möglichkeit kann das Ergebnis eines Vergleichs aller beobachteten Einsprengungen von Raupenkutikula inmitten von Puppenkutikula sprechen. Es zeigte sich, daß die kleinsten Einsprengungen winkelförmig wie die Implantationswunde sind. In diesen Fällen hat also lediglich die zwischen den Wundrändern neugebildete Hypodermis mit der Ausbildung einer Raupenkutikula reagiert. Von solchen Einsprengungen sind alle Übergänge zu rundlichen oder ovalen Flecken vorhanden, welche sich über mehr als ein Segment erstrecken können. In diesen Fällen hat also auch die Hypodermis der näheren und weiteren Wundumgebung mit der Bildung einer Raupenkutikula geantwortet.

Um Aufschlüsse über die aufgeworfene Frage zu erhalten, wurde folgender Versuch durchgeführt: Erwachsene Raupen, welche mit dem Spinnen des Puppenkokons begonnen hatten, erhielten ein Gehirn einer Raupe drittletzten oder vorletzten Stadiums, welchem neben dem Unterschlundganglion und dem folgenden Ganglion die Postcerebralganglien und Corpora allata anhingen, in den hinteren Teil des Abdomens implantiert. In einem Gang mit dieser Operation wurde den Versuchstieren eine Schnittwunde im vorderen Abdomen beigebracht. Die Wirtsraupen häuteten sich danach zu typischen Puppen, Puppen mit einer Einsprengung von Raupenkutikula und weniger puppenähnlichen Mischformen von Raupe und Puppe. In unserem Zusammenhang interessieren nur die Versuchstiere, welche sich zu Puppen mit einer Einsprengung von Raupenkutikula häuteten. Von diesen wies etwa die Hälfte nur hinten am Implantationsort einen Fleck Raupenkutikula inmitten der Puppenkutikula auf, die restlichen aber besaßen außerdem noch einen solchen Fleck im Bereich der vorderen Wunde. Aus diesem Ergebnis ist zunächst zu schließen, daß sich auch wenig wirksame Mengen des Corpora allata-Inkrets im ganzen Körper ausbreiten können, und weiter, daß die wundbedeckende oder der Wunde benachbarte Hypodermis, ein Epithel also, welches die Wundheilung bestreitet, schon auf Mengen dieses Inkrets anspricht, auf welche die an der Wundheilung unbeteiligte Hypodermis noch nicht reagiert.

Es ist nun noch ein Erklärungsversuch für die verschiedene Größe der Einsprengungen von Raupenhaut zu geben.

Die Histologie der Wundheilung hat WIGGLESWORTH (1937) an der Landwanze *Rhodnius prolixus* studiert. Nach der Defektsetzung wandern Hypodermiszellen aus der Umgebung zu den Wundrändern, schieben sich von diesen aus über die freie Wundfläche vor und schließen sie sehr bald völlig ab. Hernach scheiden sie eine Kutikula aus. Da im gesamten Einzugsgebiet der Wunde während der Wanderung der Zellen keine mitotische Zellteilungen stattfinden, verarmt das Einzugsgebiet sehr stark an Hypodermiszellen. Erst nach Beendigung des Wundverschlusses setzt in der Hypodermis des Wundbereichs auf mitotischem Wege die Wiederherstellung der ursprünglichen Zellenanzahl ein. Es ist wahrscheinlich, daß die Wundheilung bei *Galleria* in entsprechender Weise verläuft wie bei *Rhodnius*.

Die Versuchsraupen waren zur Zeit der Einpflanzung ihrer Implantate völlig erwachsen und hatten mit dem Spinnen des Puppenkokons begonnen. Trotzdem verstrich zwischen der Operation und der Häutung zur Puppe mit einer Einsprengung von Raupenkutikula bei den einzelnen Raupen eine unterschiedliche Anzahl von Tagen. Während der Abscheidung der neuen Kutikula muß demnach zwar bei allen Tieren die Wunde verschlossen gewesen sein, bei einzelnen Individuen muß sich aber das Wundgebiet in verschiedenen Stadien der Regeneration befunden haben. Hierin, sowie in der Unmöglichkeit, völlig gleichgroße Implantationswunden zu setzen, kann die Ursache für die unterschiedliche Größe der Einsprengungen von Raupenkutikula innerhalb der Puppenkutikula gesucht werden.

Schon früher hatte sich gezeigt, daß regenerierte Hypodermisbezirke empfindlicher auf einen Wirkstoff reagieren können als die ungestörte Hypodermis: Werden Hautstücke der jungen Puppe in den Fettkörper der jüngeren Raupe verpflanzt, so wächst die verpuppte „Stammhypodermis" an den Implantaträndern in charakteristischer Weise zur „Umwachsungshypodermis" aus. Macht dann die Wirtslarve Raupenhäutungen durch, so reagiert die Stammhypodermis auf einen Raupenhäutung verursachenden Wirkstoff des Wirtes zunächst mit einer abermaligen Puppenhäutung, die Umwachsungshypodermis indessen sofort mit einer Raupenhäutung (PIEPHO 1939a, b). In die gleiche Richtung weist das Ergebnis einer Untersuchung von PAUL (1937). Dieser stellte bei dem Schlehenspinner *Orgyia antiqua* fest, daß larvales weibliches Flügelfeld nach Implantation in die männliche Larve später nur dann männliche imaginale Merkmale ausbildet, wenn Flügelregeneration stattgefunden hat. Auf diese, auch methodisch für die Wirkstofforschung an Insekten wichtige Erscheinung hat jüngst besonders SEIDEL (1939) hingewiesen.

Die Versuchstiere, bei denen lediglich die zwischen den Wundrändern neugebildete Hypodermis auf eine sehr wenig wirksame Menge des Corpora allata-Inkrets mit einer Raupenhäutung angesprochen hat, die Puppen mit einer Einsprengung von Raupenkutikula also, stellen den unteren Grenztyp der Klasse 1 einer Klasseneinteilung aller Versuchstiere dar. Jene Versuchstiere, bei denen die Hypodermis außer im Wundbereich auch an bestimmten anderen Körperstellen auf eine etwas wirksamere Inkretmenge hin an Stelle der Puppenhäutung eine Raupenhäutung durchgemacht hat, kennzeichnen die untere Grenze der Klasse 2. Ein solches Individuum ist in Abb. 10a, links in Ventral-, rechts in Dorsalansicht vorgestellt. In der dorsalen Ansicht ist nahe dem Hinterende deutlich die von heller Raupenkutikula bedeckte Implantationsstelle zu erkennen. Im übrigen trägt das hintere Abdomen dorsal wie ventral eine typische Puppenkutikula. Eine solche ist auch dorsal in den segmentalen Bereichen des vorderen Abdomens ausgebildet, in den intersegmentalen Bereichen ist hier dagegen Raupenkutikula vorhanden. Ebenso tragen der Kopf und die Toraxsegmente Puppenkutikula, während zwischen diesen Abschnitten Raupenkutikula liegt. Die Mundteile weisen äußerst schwach larvale Merkmale auf. Die

Maxillen und ihre Palpen sind pupal, wie die in Abb. 2i abgebildeten.
Das Labium besitzt in Gestalt einiger warziger Gebilde ganz schwache
larvale Merkmale, es ähnelt dem in 3h abgebildeten Labium. Auch
die Mandibeln weisen, wie deutlich zu erkennen ist, schwach larvale

Abb. 10 a—e. Auf verschiedenen Stufen zwischen Raupe und Puppe stehende Mischformen.
a, b Mischformen der Klasse 2, c, d Mischformen der Klasse 3, e Mischform der Klasse 4.

Charaktere auf, sie sind den in 4c abgebildeten Mandibeln ähnlich. Das
Labrum steht zwischen den durch 5c und 5d wiedergegebenen Zuständen, es ist also gleichfalls sehr schwach raupenmäßig gebildet. Die
Antennen sind pupal. Die Augen tragen in Gestalt einiger „leerer"
Cornealinsen (vgl. Abb. 6f) ein schwach ausgeprägtes larvales Merkmal. Die Antennen und Thorakalbeine sind pupal, das gleiche gilt für
die Afterfüßchen und Nachschieber. Die Flügel gleichen bis auf ihre

etwas geringere Größe den Puppenflügeln. Ihre Verkürzung diesen gegenüber dürfte auf einer nicht ganz vollständigen Streckung beruhen.

In Abb. 10b ist ein Versuchstier (Kl 2) in Dorsalansicht vorgestellt, bei welchem die Hypodermis größerer Areale des Körperstammes und der Anhänge auf eine stärkere Wirksamkeit des Inkrets mit einer Raupenhäutung reagiert hat. Außer einer schwächer pupalen Ausprägung der Vorder- und Hinterflügel ist eine geringere Ausdehnung der von Puppenkutikula eingenommenen Areale zugunsten der von Raupenkutikula bedeckten zu bemerken. Während ventral und lateral durchweg Raupenkutikula gebildet ist, sind dorsal in jedem Segment noch große Bezirke von Puppenkutikula vorhanden, welche an ihren Rändern von Raupenkutikula gleichsam angefressen sind.

Abb. 10c gibt den unteren Grenztyp der Klasse 3, links von ventral, rechts von dorsal gesehen wieder. Er geht auf die Reaktion noch ausgedehnterer Hypodermisbezirke bei einer noch stärker wirksamen Menge des Corpora allata-Inkrets zurück. Am Kopf, vor allem aber an den beiden ersten Thoraxsegmenten wird dorsal die ganze Breite des betreffenden Körperabschnitts von Puppenkutikula eingenommen. Zwischen diesen Abschnitten liegt, ebenso wie lateral und ventral, Raupenkutikula. Vom 3. Thoraxsegment an trägt jedes Segment dorsal einen kleinen, stark zerfressenen Fleck Puppenkutikula. Im übrigen umkleidet Raupenkutikula den Körperstamm. Die Maxillen und ihre Palpen zeigen etwa den in 2g abgebildeten Zustand, das Labium ungefähr den von 3e, die Mandibeln den von 4b, das Labrum den von 5b, die Antennen sind völlig puppenmäßig. Die Augen weisen die in 6e abgebildeten Verhältnisse auf, die Thorakalbeine ungefähr jene von 8e, die Vorderflügel ähneln denen von 9d, die Hinterflügel denen von 9c. Die Afterfüßchen und Nachschieber sind raupenmäßig.

Die in 10d von ventral und dorsal dargestellte, noch zur Klasse 3 gehörige, schon einigermaßen raupenähnliche Mischform ist auf Grund der Reaktion noch größerer Hypodermisbezirke des Körperstammes und der Anhänge auf eine noch viel stärker wirksame Menge des Corpora allata-Inkrets entstanden. Sie trägt gegenüber jener von 10c nur noch dorsal am Kopf sowie am 1. und 2. Thoraxsegment beschränkte, von Puppenkutikula bedeckte Areale. Besonders stark verkleinert ist der Dorsalfleck des 2. Brustsegments. Er ist medial unterteilt und auch seitlich durch Raupenkutikula von den Ansatzstellen der mit Puppenkutikula versehenen Vorderflügel abgetrennt. Im übrigen ist die Raupenähnlichkeit im Falle von d nicht viel größer als im Falle von c. (In den Fällen von d und e wurden die rein larvalen Hinterkörper weggeschnitten, um die Abbildungen nicht zu groß werden zu lassen.)

Abb. 10e endlich gibt eine schon recht raupenähnliche Mischform (Klasse 4) wieder. Sie entstand auf Grund der Reaktion des größten Teils der Hypodermis des Stammes und der Anhänge auf eine sehr stark wirksame Inkretmenge. Die Kutikula ist in diesem Falle auch dorsal am Kopf und an den Thoraxsegmenten vollständig larval. Die Maxille zeigt etwa das in 2d·dargestellte Aussehen, das Labium jenes von 3d, die Mandibel ist völlig raupenmäßig wie in 4a, ebenso das Labrum wie in 5a. Die Antenne geht als weitaus puppenähnlichster Anhang in pupaler Richtung etwas über den Zustand von 7d hinaus. Die Augen gleichen fast den in 6c abgebildeten, die Thorakalbeine denen von 8b, die Afterfüßchen sind larval. Die Flügelimaginalscheiben sind nur wenig herangewachsen und nicht ausgestülpt, sie sind denen von 9a sehr ähnlich.

In der Klasse 5 sind sehr raupenähnliche, auf Grund des Ansprechens fast der gesamten Hypodermis des Körperstammes und der Anhänge auf eine nahezu maximal wirksame Inkretmenge entstandene Mischformen zusammengefaßt. Die Tiere lassen nur noch an ihren Antennen, welche das in 7b bis d dargestellte Aussehen aufweisen, schwach pupale Merkmale erkennen.

Bei den Angehörigen der Klasse 6 hat die gesamte Hypodermis des Körperstammes und der Anhänge auf die am stärksten wirksame Inkretmenge mit einer typischen Raupenhäutung reagiert. Die Versuchstiere sind überzählig gehäutete Raupen.

Bei der Klassifizierung wurden die Grenztypen jeweils der nächst höheren Klasse zugerechnet.

Zusammenfassend läßt sich sagen: Wird in Wirtsraupen letzten Stadiums die Wirksamkeit des Corpora allata-Inkrets fortschreitend gesteigert (vgl. S. 562), so häuten sich die Raupen anstatt zu Puppen zu immer raupenähnlicheren Mischformen. Dabei antwortet die Hypodermis verschiedener Körperbezirke in der folgenden Reihenfolge mit der Ausbildung larvaler Struktur- und Formbildungen: Am empfindlichsten reagiert die regenerierte Hypodermis des Wundbereichs mit der Bildung einer larvalen Kutikula. Danach folgt die intakte Hypodermis der intersegmentalen Bereiche des Körperstammes mit der gleichen Reaktion und die Hypodermis der Augenregion mit larvalen Formbildungsprozessen. Daran schließt sich mit larvalen Struktur- und Formbildungen die Hypodermis der Mandibeln, des Labium und des Labrum, dann das Epithel auch der segmentalen Bereiche des Körperstammes, ausgenommen der dorsalen Bezirke, besonders der thorakalen Region. Fast gleichzeitig reagiert das Epithel der Flügel. Es folgen mit den gleichen Reaktionen die Hypodermis der Thorakalbeine und Maxillen, dann erst diejenige der Antennen. Dabei reagiert die Hypodermis der einzelnen Organe nicht als einheitliches System gleichmäßig empfindlich auf den Wirkstoff der Corpora allata, sondern, wie im vergleichend morphologischen Teil gezeigt wurde, in ihren verschiedenen Bezirken mit unterschiedlicher Empfindlichkeit.

IV. Über die Metatelie und ihre physiologischen Grundlagen.

Die unterschiedlich starke Reaktion verschiedener Körperbezirke auf den Wirkstoff der implantierten Corpora allata macht einen großen Teil jener Erscheinungen physiologisch verständlicher, welche heute unter dem Begriff der Metatelie zusammengefaßt werden. KOLBE (1903) beschreibt ein Exemplar von sechs abnormen Raupen des Kiefernspinners *Dendrolimus pini,* welches abgeänderte Mundteile, Antennen und Brustbeine aufwies. Die Mundteile der normalen *Dendrolimus*raupe sind von ENGEL in seiner vergleichend morphologischen Untersuchung besonders eingehend an Hand guter Abbildungen beschrieben worden. KOLBE schildert die Mundteile seiner abnormen Raupe ausreichend unter Beigabe einiger Abbildungen. Aus dem Vergleich der Darstellungen von KOLBE und ENGEL folgt, daß die Mundteile der *Dendrolimus*larve etwa auf entsprechender Stufe zwischen der larvalen und pupalen Ausprägung standen wie die Mundteile der in Abb. 1c dargestellten Mischform von *Galleria.* Die Maxille und der Palpus maxillaris befanden sich ungefähr in dem durch Abb. 2e veranschaulichten Zustand. Das Labium war ziemlich larval; für den Palpus labialis wird eine Abgliederung des Grundteils angegeben, so daß er „für dreigliedrig zu halten wäre". Die Unterlippe der abnormen Kiefernspinner-Raupe hat demnach wohl ein Aussehen gehabt, wie das in 3d abgebildete Labium einer *Galleria*-Mischform. Die Antennen waren puppenähnlicher als die in unserer Abb. 7d wiedergegebenen. Von den Flügeln muß, wie die Abbildung KOLBES zeigt, äußerlich nicht das geringste zu erkennen gewesen sein. Die Brustbeine hingegen standen deutlich zwischen dem Larven- und dem Puppenbein. Sie boten ein ähnliches Aussehen wie die in Abb. 8c dargestellten Thorakalbeine von *Galleria.* Im übrigen zeigte das von KOLBE beschriebene Individuum das Aussehen einer Raupe. Im ganzen dürfte das Tier etwas puppenähnlicher als die in Abb. 10e wiedergegebene Mischform von *Galleria* gewesen sein. KOLBE nimmt an, daß die in pupaler Richtung ausgebildeten Organe seiner *Dendrolimus*raupen den übrigen, larval gebildeten, in ihrer Entwicklung vorangeeilt wären. Er bezeichnet daher die beobachtete Erscheinung, welche er in der Literatur auch für weitere Schmetterlingsarten und Vertreter anderer Insektenordnungen angegeben findet, als vorschnelle Entwicklung oder *Prothetelie.* LINDEN (zit. nach P. SCHULZE 1922)[1] berichtet von einer mit Puppenantennen versehenen Raupe des Schwammspinners *Lymantria dispar* L. In *Lymantria*-zuchten GOLDSCHMIDTS traten dann später in größerer Anzahl Raupen mit kurzen, den Puppenantennen ähnlichen Fühlern auf. GOLDSCHMIDT (1923) gibt eine sehr gute Abbildung eines Kopfes mit solchen Antennen. Die letzteren erscheinen basal blasig aufgetrieben, distal lassen sie sehr

---

[1] Der Zeitumstände wegen war es in einigen Fällen nicht möglich, die schwerer zu beschaffende Literatur zu erhalten.

deutlich die pupale Ringelung erkennen. Der Autor erwähnt die Mundteile, Augen, Flügel und Thorakalbeine nicht. Es ist daher anzunehmen,
daß diese weitgehend oder völlig larval gewesen sind. Die abnormen
Raupen von *Lymantria* dürften sich demnach in einem noch etwas
raupenähnlicheren Zustand befunden haben als die *Galleria*-Mischform
unserer Abb. 10e. Obwohl GOLDSCHMIDT (S. 303) schreibt, daß die in
Rede stehenden „Individuen solche sind, die nicht zu metamorphosieren
vermögen, sondern an Stelle der Metamorphose eine Raupenhäutung
setzen", bezeichnet er sie als prothetele, also partiell vorschnell entwickelte Larven.

Bei *Käfern* wurden schon frühzeitig Larven mit Puppenorganen gefunden. v. LENGERKEN (1924, dort die einschlägige Literatur über
Coleopteren) erhielt aus seinen *Mehlkäfer*zuchten eine große Anzahl von
Individuen, welche dem Puppenzustand angenäherte Flügel, Antennen
und Augen besaßen. Der Autor erkannte, daß diese Organe ihre pupale
Differenzierung nicht einer vorschnellen (prothetelen), sondern einer
zeitlich normalen Entwicklungsfolge verdanken: Sie haben ihr letztes
Larvenstadium mit der Häutung zu einer Form beendet, welche der
pupalen Form angenähert ist. Die übrigen Organe dagegen sind
in ihrer Metamorphose zurückgeblieben, sie haben das letzte Larvenstadium anstatt mit einer Häutung zur pupalen mit einer Häutung
zur annähernd oder völlig larvalen Form abgeschlossen. Einen
solchen, durch das Zurückbleiben bestimmter Organe in ihrer Metamorphose gekennzeichneten Entwicklungsmodus bezeichnet v. LEN
GERKEN als *Metatelie*. Er nimmt an, daß die spontan entstandenen,
in der Literatur als prothetel beschriebenen Larven verschiedener Insektenordnungen in der Mehrzahl metatele Individuen sind. DU BOIS
und GEIGY (1935) beschreiben metatele Individuen des Netzflüglers
Sialis lutaria und stimmen grundsätzlich der Auffassung v. LENGER
KENS zu.

Auch die Mischformen von *Galleria,* welche durch Einführung von
Corpora allata-Wirkstoff während des letzten Raupenstadiums erzeugt
wurden, sind metatele Individuen. Ferner weisen die spontan entstandenen Mischformen von *Dendrolimus* und *Lymantria* eine solche Ähnlichkeit mit einigen der experimentell erzeugten Mischformen von *Galleria* auf,
daß sie nicht als prothetele, sondern als metatele Individuen aufzufassen
sind. Die Ursache für ihre Häutung zur Mischform beruht sicherlich
ebenfalls auf der Abgabe von Corpora allata-Wirkstoff während des
letzten Raupenstadiums. Über die Ursachen derselben können nur
Vermutungen angestellt werden. Die älteren Autoren (s. KOLBE) hatten
Gründe für die Annahme, daß es Temperatureinflüsse sind, welche die
Metatelie bei Lepidopteren hervorrufen. (ARENDSEN-HEIN und SINGH-
PRUTHI (1924) konnten auch tatsächlich beim *Mehlkäfer* Metatelie durch
Temperaturreize auslösen. Falls dieser Versuch auch bei Lepidopteren

glücken sollte, wäre aber noch keine Vorstellung über die physiologischen Abläufe möglich, welche durch die Temperatureinwirkung in Gang gesetzt werden und schließlich zur Abgabe des Corpora allata-Wirkstoffs führen.

Die Ähnlichkeit zwischen den in der Literatur beschriebenen metatelen Individuen des *Mehlkäfers* und den Mischformen der *Wachsmotte* legte die Vermutung gleicher physiologischer Grundlagen nahe. Tatsächlich konnte A. RADTKE (noch unveröffentlicht) jüngst in unserem Institut durch homoioplastische Implantationen von Corpora allata in *Mehlkäfer*larven letzten Stadiums erreichen, daß sich die letzteren anstatt zu Puppen zu Mischformen von Larve und Puppe häuteten. Diese Mischformen glichen den von verschiedenen Autoren beschriebenen metatelen *Tenebrio*-Larven.

Was die Metatelie bei heterometabolen Insekten anbetrifft, so soll nur erwähnt werden, daß WIGGLESWORTH (1936) bei der Wanze *Rhodnius prolixus* in Parabioseversuchen Metatelie erzeugen konnte. Auch die Riesentiere von *Dixippus,* welche PFLUGFELDER (1937) durch Implantation von Corpora allata erzeugte, sind sicherlich metatele Imagines.

Es sind jetzt Fälle gleichzeitiger Ausbildung von larvalen und pupalen bzw. imaginalen Differenzierungen bei Lepidopteren zu besprechen, welche nicht ohne weiteres oder garnicht auf Grund der vorhandenen Experimente ausgelegt werden können.

MAJOLI (1813) berichtet von einer Seidenraupe, welche im letzten Stadium, ohne vorher einen Kokon gesponnen zu haben, anstatt zur Puppe zu einem atypischen Schmetterling wurde.

Dieser hatte „einen kleinen Kopf, zwei schwarze gegitterte Augen, den Thorax, wie wenn er der dritte Ring hinter dem Kopf bei der Raupe wäre, und den Körper der Raupe selbst, wie er zur Zeit der vierten Häutung ist, mit ebenso vielen Segmenten wie der Raupenkörper; die Vorderflügel etwas lang und verschmälert, die Hinterflügel kürzer und schmäler; die Fühlhörner etwas grau im Vergleich zu jenen des wahren Spinners" (Übersetzung von HAGEN aus KOLBE, 1903).

Galleria-Raupen, welche implantierte Corpora allata tragen, spinnen häufig vor ihrer Häutung zur Mischform keinen typischen Puppenkokon. Wenn sie sich danach zu Mischformen von Raupe und Puppe mit gut entwickelten, freien, einigermaßen pupalen Kopf- und Thoraxanhängen häuten, so können sie sehr wohl den Eindruck eines abnormen Falters erwecken. Dieser Eindruck kann noch verstärkt werden, wenn sich (wie ich es öfter beobachtete) hinter den pupalen Augenscheiden pigmentierte imaginale Facettenaugen entwickeln.

JOHNS (zit. nach P. SCHULZE 1922) berichtet über eine abnorme Raupe des Spanners *Melanippe montana.* Seine (von SCHULZE wiedergegebene) Abbildung läßt deutlich erkennen, daß das Tier ein völlig raupenmäßiges Abdomen, daneben gefiederte imaginale Antennen und Beine eines Falters besaß. Es ist nicht unmöglich, daß dieses Individuum aus einer Mischform von Raupe und Puppe hervorging, bei der sich innerhalb der einigermaßen pupalen Anhänge imaginale Anhänge, innerhalb der larval gebliebenen Bereiche wieder larvale Bildungen entwickelten. Schließlich müßte sich dieses Individuum zu einer Mischform von Larve und Imago gehäutet haben. Im Hinblick auf den von

Jones beschriebenen Fall wurde bei *Galleria* versucht, einigermaßen puppenähnliche Mischformen zur Weiterentwicklung zu bringen. Abgesehen von der schon erwähnten Entwicklung imaginaler Facettenaugen wurde bisher, auch in der feuchten Kammer, welche noch die besten Bedingungen für die Weiterentwicklung bot, keine imaginale Differenzierung beobachtet; die Tiere starben bald nach der Häutung zur Mischform ab. Es ist damit aber keineswegs ausgeschlossen, daß bei *Melanippe* eine Weiterentwicklung von Mischformen möglich ist, und daß schließlich Individuen, wie das von Jones beschriebene, ausschlüpfen können.

P. Schulze (1922) trennte bei einer Raupe des Segelfalters *Papilio podalirius* L. die Nackengabel ab. Das Tier blieb demzufolge bei der Häutung zur Puppe in der Raupenhaut stecken. Nach Abpräparieren der letzteren erschien eine Puppe mit einem angewachsenen Raupenkopf. Der gleiche Autor berichtet über eine im Freiland gefundene Puppenhülse, welche vom Schmetterling, wahrscheinlich einer *Notodontide*, schon verlassen war. Neben Puppenaugen, -antennen und -flügeln waren raupenmäßige Mundwerkzeuge und larvale Brustbeine vorhanden. Schulze bezeichnet diese schon von O. F. Müller beobachtete Art der nachlaufenden Entwicklung als *Hysterotelie*. Bei *Galleria* wurden niemals hysterotele Puppen, aus denen sich hysterotele Falter hätten entwickeln können, beobachtet.

V. Weitere Versuche zur Physiologie der Puppenhäutung.

Die Corpora allata jüngerer Raupen geben ein Inkret ab, welches durch bestimmte Wirkungen auf die Puppenhäutungen anderer Raupen gekennzeichnet ist. Mit Hilfe dieser Wirkungen war es seinerzeit möglich, weitere Einblicke besonders in die Physiologie der Puppenhäutung von *Galleria* zu gewinnen. Die früher angestellten Versuche und ihre Ergebnisse sind kurzgefaßt die folgenden: Es wurden Gehirne mit anhängenden Corpora allata von Raupen drittletzten und vorletzten Stadiums in Dreizahl Wirtsraupen implantiert, welche am Ende des vorletzten Raupenstadiums standen. Die Wirte häuteten sich danach zum letzten Stadium. Dann bewirkte das von den implantierten Corpora allata abgegebene Inkret, daß als nächste Wirtshäutung nicht die Häutung zur Puppe, sondern eine Häutung zur Raupe, also eine überzählige Raupenhäutung stattfand. Wurden die Implantate etwas später, nämlich unmittelbar nach der Häutung zum letzten Raupenstadium eingepflanzt, so hatte das Inkret der Corpora allata noch die gleiche Wirkung. Fand aber dieselbe Implantation an Raupen statt, welche das letzte Raupenstadium schon fast beendet hatten, so konnte der Corpora allata-Wirkstoff keine Raupenhäutung mehr auslösen. Er bewirkte höchstens noch eine Häutung zu Mischformen von Raupe und Puppe (Piepho 1940).

A. Die Wirkung von Corpora allata drittletzten und vorletzten Raupenstadiums nach Implantation in verschiedenen Zeitabschnitten des letzten Raupenstadiums.

1. Der Charakter der ersten auf die Implantation folgenden Häutung.
Nachdem dieses Ergebnis erhalten worden war, galt es, Versuche darüber anzustellen, ob die Abnahme der Wirkung des Corpora allata-Inkrets während des letzten Raupenstadiums allmählich oder sprunghaft erfolgt. Im Falle einer allmählichen Abnahme war zu erwarten, daß die Wirtsraupen nach Implantation von Jungraupengehirnen nebst Corpora allata zu Beginn des letzten Raupenstadiums sich auch in diesem Versuch wieder zu typischen Raupen, nach fortschreitend späterer Implantation sich zunächst zu raupenähnlichen, dann zu immer puppenähnlicheren Mischformen häuten würden. Für den Fall einer sprunghaften Abnahme ging die Erwartung dahin, daß die Wirtsraupen nach Implantation bis zu einem bestimmten Zeitpunkt des letzten Raupenstadiums sich zu typischen Raupen, nach einer auf diesen Zeitpunkt folgenden Implantation sich zu Mischformen von unterschiedlicher Raupen- und Puppenähnlichkeit häuten würden. Der Versuch wurde so durchgeführt, daß den Versuchsraupen in bestimmten, von der Häutung zum letzten Raupenstadium an gerechneten Zeiträumen je drei Gehirne von Raupen drittletzten und vorletzten Stadiums, denen neben insgesamt 4—6 Postcerebralganglien und Corpora allata das Unterschlundganglion und das nächstfolgende Ganglion ansaßen, ins hintere Abdomen implantiert wurden.

Die Altersbestimmung der Versuchsraupen wurde in folgender Weise vorgenommen: Aus Massenzuchten, welche bei einer mittleren Temperatur von 33⁰ gehalten worden waren, wurden Raupen herausgesucht, welche ihrer Körper- und Kapselkopfgröße nach dicht vor der Häutung zum letzten Raupenstadium stehen mußten. Diese Tiere wurden mit neuem Futter versehen, in einen kleinen Thermostaten von konstant 33⁰ übertragen und im Zwölfstunden-Rhythmus auf das Stattfinden der Häutung kontrolliert. Die innerhalb eines Kontrollabschnitts gehäuteten Raupen wurden weiterhin gemeinsam bei frischem Futter im Thermostaten gehalten. Nach bestimmten Zeiten wurden ihnen die Implantate eingepflanzt (Altersbestimmung der Raupen und Operationstechnik s. PIEPHO 1940). Die Versuchstiere wurden dann einzeln in kleine Glasschalen gebracht, wieder mit Futter versehen, in den Thermostaten überführt und mehrmals täglich kontrolliert.

Die Wirtsraupen häuteten sich auf die Implantationen hin zu typischen Puppen, Puppen mit einer lokalen Einsprengung von Raupenkutikula, Mischformen von Raupe und Puppe oder typischen Raupen. Unmittelbar nach der Häutung wurden sie mit Hilfe der oben eingeführten Klasseneinteilung unter Zuhilfenahme eines Binokulars klassifiziert. Die Tiere wurden dann in den Thermostaten zurückversetzt und weiter kontrolliert.

Das Ergebnis der Klassenzuweisung ist in Tabelle 1 zusammengestellt. Aus ihr sind die Zahlenwerte zu entnehmen.

Tabelle 1. Der Charakter der auf die Implantation in verschiedenen Zeitabschnitten des letzten Raupenstadiums folgenden Häutung.

Implantations-alter der Wirtsraupen von der Häutung zum letzten Raupenstadium an gerechnet	Typische Puppe		Puppe mit einer Einsprengung von Raupenhaut		Mischformen von Raupe und Puppe								Typische Raupe		Anzahl der Tiere insgesamt
	Klasse 0		Klasse 1		Klasse 2		Klasse 3		Klasse 4		Klasse 5		Klasse 6		
	Anzahl der Tiere	in %	Anzahl der Tiere	in %	Anzahl der Tiere	in %	Anzahl der Tiere	in %	Anzahl der Tiere	in %	Anzahl der Tiere	in %	Anzahl der Tiere	in %	
0—1 Tag (0—24 Std.)	—	—	—	—	—	—	—	—	—	—	3	4,4	65	95,6	68
1—2 Tage (24—48 Std.)	1	2,9	—	—	3	8,8	2	5,9	1	2,9	9	26,5	18	52,9	34
2—3 Tage (48—72 Std.)	1	6,3	1	6,3	—	—	—	—	1	6,3	6	37,5	7	43,7	16
3—4 Tage (72—96 Std.)	1	2,9	5	14,7	2	5,9	3	8,8	19	55,9	4	11,8	—	—	34
4—5 Tage (96—120 Std.)	2	7,1	4	14,3	3	10,7	5	17,9	8	28,6	6	21,4	—	—	28
5—6 Tage (120—144 Std.)	—	—	2	8,3	2	8,3	6	25,0	14	58,3	—	—	—	—	24
6—7 Tage (144—168 Std.)	—	—	3	23,1	4	30,8	3	23,1	3	23,1	—	—	—	—	13
Älter als 7 Tage (168 Std.), erwachsene Raupen	2	6,5	7	22,6	9	29,0	6	19,4	7	22,6	—	—	—	—	31
	7		22		23		25		53		28		90		248

Wie oben angegeben, wurde schon früher festgestellt, daß die Versuchsraupen, welche 0—1 Tag (0—24 Std.) nach der Häutung zum letzten Raupenstadium drei Implantate eingepflanzt erhielten, sich anstatt zu Puppen zu typischen Raupen häuteten. Jetzt wurden bei gleicher Versuchsanordnung in 65 Fällen wieder typische Raupen, in 3 Fällen aber sehr raupenähnliche Mischformen erhalten. Mischformen von einer Raupenähnlichkeit, wie sie diese drei Mischformen aufwiesen, kamen früher noch nicht zur Beobachtung.

Vollzog sich die Implantation 1—2 Tage (24—48 Std.) nach der Häutung zum letzten Raupenstadium, so häutete sich noch über die Hälfte der Versuchstiere zu typischen Raupen, die übrigen in der Mehrzahl zu Mischformen von einer früher noch nicht beobachteten Raupenähnlichkeit. Die Anzahl der puppenähnlicheren Mischformen war gering.

Auf die Implantation nach 2—3 Tagen (48—72 Std.) erfolgten noch in einem hohen Prozentsatz Häutungen zur typischen Raupe, daneben aber schon vor allem Häutungen zu sehr raupenähnlichen Mischformen.

Wurde nach 3—4 Tagen (72—96 Std.) implantiert, so fanden keine Häutungen zu typischen Raupen mehr statt. Es häutete sich vielmehr weit über die Hälfte der Versuchstiere zu recht raupenähnlichen Mischformen, ein geringerer Hundertsatz zu puppenähnlicheren Mischformen und Puppen mit einer Einsprengung von Raupenkutikula.

Die Implantationen, welche 4—5 Tage (96—120 Std.), 5—6 Tage (120—144 Std.) und 6—7 Tage (144—168 Std.) nach der Häutung zum letzten Raupenstadium durchgeführt wurden, zeitigten vor allem Häutungen, zu immer puppenähnlicheren Mischformen.

Die Dauer des letzten Raupenstadiums variiert bei 33⁰ von 5—13 Tagen. Das Mittel liegt bei 8,5 Tagen (PIEPHO 1940). Es finden also 5—7 Tage nach der Häutung zum letzten Raupenstadium schon Häutungen zur Puppe statt. Die in diesem Zeitraum mit Implantaten versehenen Raupen standen indessen bei der Operation noch nicht unmittelbar vor der Häutung zur Puppe, denn sie hatten das Futter noch nicht verlassen und noch nicht mit der Herstellung ihres Puppenkokons begonnen. Um nun für die weiteren Implantationen Raupen zu erhalten, welche sämtlich *physiologisch* älter waren als die im Alter von 5—7 Tagen operierten, wurden erwachsene Raupen, welche das Futter bereits verlassen und mit dem Kokonspinnen begonnen hatten, aus Massenzuchten herausgesucht und mit Implantaten versehen.

Die als erwachsene Raupen operierten Versuchstiere häuteten sich hernach zu Individuen, welche insgesamt noch etwas puppenähnlicher waren, als jene, welche aus den 6—7 Tagen nach der Häutung zum letzten Raupenstadium operierten Larven hervorgingen.

Es mußte damit gerechnet werden, daß in einzelnen Fällen einige oder alle Implantate infolge von Schädigungen der Corpora allata nur wenig oder keinen Wirkstoff abgeben konnten. Unter solchen Umständen war, gleichgültig, wann während des letzten Raupenstadiums implantiert worden war, eine geringe oder keine Wirkung der Implantate, mithin von den Versuchstieren eine Häutung zur Puppe mit einer Einsprengung von Raupenkutikula oder gar zur typischen Puppe zu erwarten. Diese Fälle fielen indessen für eine Beurteilung der Tabelle, welche sich an die *prozentuale* Besetzung der Klassen hielt, kaum ins Gewicht.

Zusammengefaßt ergibt sich: Drei Implantate aus Raupen drittletzten und vorletzten Stadiums bewirken nach Einpflanzung in Wirtsraupen, welche am Anfang des letzten Raupenstadiums stehen, durch das Inkret ihrer Corpora allata, daß sich die Wirtsraupen hernach nicht zu Puppen, sondern fast ausschließlich zu völlig typischen Raupen häuten. Nach Einpflanzung in fortschreitend ältere Raupen letzten Stadiums verursachen die Implantate durch das Inkret ihrer Corpora allata immer seltener Häutungen zu typischen Raupen, dafür immer häufiger Häutungen zu fortschreitend puppenähnlicheren Mischformen. Die eingangs aufgeworfene Frage ist also dahingehend entschieden, daß *die Implantate um so weniger wirksam sind, je später sie während des letzten Raupenstadiums in den Wirtsorganismus eingeführt werden, und daß diese Wirkungsabnahme eine allmähliche, keine sprunghafte ist.* Nunmehr soll nach der Ursache dieser Wirkungsabnahme gefragt werden.

Es könnte sein, daß zwischen der Implantation am Anfang des letzten Raupenstadiums und der nächstfolgenden Häutung die längste Zeit verstreicht, zwischen der Implantation in immer späteren Abschnitten des letzten Raupenstadiums und der nächstfolgenden Häutung fort schreitend kürzere Zeiten. Die Abnahme der Implantatwirkung nach Einpflanzung in immer späteren Zeitabschnitten des letzten Raupenstadiums würde dann auf einer fortschreitend verringerten Wirkungsdauer der Implantate beruhen. Auf diese naheliegende Möglichkeit kann leicht geprüft werden. Es braucht dazu nur der mittlere Zeitraum errechnet zu werden, welcher bei Implantation in den verschiedenen Zeitabschnitten des letzten Stadiums zwischen der Operation und der auf sie folgenden Häutung verstreicht. Das Ergebnis dieser Rechnung ist in Tabelle 2 niedergelegt. Aus ihr geht hervor, daß dieser Zeitraum bemerkenswerterweise nach Implantation in allen Zeitabschnitten des letzten Raupenstadiums mit 4,7—6,0 Tagen statistisch betrachtet gleich ist. Die Implantate verursachen also durch das Inkret ihrer Corpora allata, gleichgültig in welchem Zeitabschnitt des letzten Raupenstadiums ihre Implantation vorgenommen wurde, daß nach einem bestimmten Zeitraum eine Häutung erfolgt. Demzufolge *ist die Wirkungsdauer der Implantate nach Einpflanzung in den verschiedenen Zeitabschnitten des letzten Raupenstadiums im Mittel keine unterschiedliche, sondern eine gleiche.* Die fortschreitende Wirkungsabnahme der Implantate nach Einpflanzung in immer ältere Wirtsraupen letzten Stadiums, welche dadurch zum Ausdruck kommt, daß sich die Wirte zu immer puppenähnlicheren Individuen häuten, kann also nur auf einem *fortschreitend veränderten Zustand der Wirtsraupen* beruhen. Es ist daher zu schließen, daß sich *vom Anfang bis gegen das Ende des letzten Raupenstadiums im*

Wirtsorganismus ein physiologischer Zustand allmählich verstärkt, welcher sich als Determination der Raupe zur Puppenhäutung auswirkt.

Wie schon erwähnt wurde, dauert das letzte Raupenstadium im Mittel 8,5 Tage. Aus der Tabelle 2 geht hervor, daß die mittleren Zeiträume zwischen der Implantation und der nächstfolgenden Häutung mit 4,7—6,0 Tagen statistisch gesichert geringer als die Normaldauer des letzten Raupenstadiums sind. Durch Implantation im Beginn des letzten Raupenstadiums wird demzufolge dieses Stadiums seiner Normaldauer gegenüber verkürzt, durch fortschreitend spätere Implantation immer weniger gegen diese verändert, dann auf die Normaldauer gebracht und schließlich dieser gegenüber verlängert. Die Zahlenwerte für die mittlere Gesamtdauer des letzten Raupenstadiums nach Implantation in seinen verschiedenen Zeitabschnitten sind ebenfalls in die Tabelle 2 aufgenommen.

Ihrer Errechnung wurde die Annahme zugrunde gelegt, daß die Implantation 0—1 Tag nach dieser Häutung im Mittel 0,5 Tage darauf stattfand, die Implantation 1—2 Tage danach 1,5 Tage usw.

Auf Grund des letzteren Befundes erweitert sich das bisherige Ergebnis: *Mit der Determination zur Puppenhäutung, welche sich während*

Tabelle 2. **Der mittlere Zeitraum zwischen der Implantation und der auf sie folgenden Häutung sowie die mittlere Gesamtdauer des letzten Raupenstadiums bei Implantation in verschiedenen Zeitabschnitten des letzten Raupenstadiums.**

Implantations-alter der Wirtsraupen in Tagen nach der Häutung zum letzten Raupenstadium	Anzahl der Wirts-raupen	Mittlerer Zeitraum (M) zwischen der Implantation und der ersten auf sie folgenden Häutung der Wirtsraupe in Tagen	3 m	Mittlere Gesamtdauer des letzten Raupenstadiums der Wirtsraupen in Tagen	Mittlere Gesamtdauer des letzten Raupenstadiums normaler Raupen in Tagen (PIEPHO 1940)
0—1	48	5,8	0,5	6,3	
1—2	34	5,3	0,7	6,8	
2—3	16	4,9	1,2	7,4	
3—4	34	5,6	0,9	9,1	
4—5	28	5,4	0,8	9,9	8,5 ± 0,5
5—6	24	5,9	1,2	11,4	
6—7	13	6,0	1,5	12,5	
im Mittel älter als 7	31	4,7	0,7	im Mittel länger als 11,7	

des letzten Raupenstadiums allmählich verstärkt, vollzieht sich keine Determination des Zeitpunkts dieser Häutung.

In den früher durchgeführten Untersuchungen wurde festgestellt, daß die Wirtsraupen, welche eine *überzählige Raupenhäutung* durchmachten, aus derselben mit vergrößerter Kopfkapsel hervorgingen.

37*

Die Größenzunahme der Kopfkapsel war jedoch relativ gering im Vergleich zu der Erwartung, welche sich aus ihrer Größenzunahme in den letzten Raupenstadien ergab. Die Ursache lag darin, daß das letzte Raupenstadium der Versuchstiere im Mittel nur 4,8 Tage währte, während die Normaldauer des letzten Raupenstadiums im Mittel 8,5 Tage betrug. Die Wirtsraupen konnten also vom Zeitpunkt der Implantation bis zu dem der Häutung nur relativ wenig heranwachsen (PIEPHO 1940). Die jetzt in der gleichen Anordnung durchgeführten Versuche hatten ein entsprechendes Ergebnis. Dieses braucht daher nicht besprochen zu werden. Es ist aber zu untersuchen, ob jene Versuchstiere, welche sich nach der Implantation zu einer *Mischform* häuten, aus dieser Häutung ebenfalls mit vergrößerter Kopfkapsel hervorgehen. Dazu muß zunächst die Kopfkapselgröße (ausgedrückt durch die größte Kopfkapselbreite), welche die Versuchstiere bei der Operation, also im letzten Raupenstadium aufwiesen, statistisch mit der Kopfkapselgröße verglichen werden, welche sie nach der folgenden Häutung zur Mischform hatten. Für diesen Vergleich wird nur die Kopfkapselgröße der raupenähnlicheren Mischformen der Klassen 5, 4 und 3, nicht aber jene der puppenähnlicheren Mischformen der Klasse 2 herangezogen. Die Kopfkapsel der ersteren Mischformen glich nämlich in ihrer Form noch weitgehend der Raupenkopfkapsel, die Kopfkapsel der letzteren in ihrer Form schon mehr der normalerweise kleineren Puppenkopfkapsel.

Es kam öfter vor, daß ein Versuchstier bei seiner Häutung zur Mischform die Kopfkapsel des letzten Raupenstadiums nicht abstreifen konnte. In solchen Fällen wurde die neue Kopfkapsel ohne vorherige Streckung inkrustiert. Infolge der Inkrustierung konnte sie auch nach operativer Entfernung der alten Kopfkapsel nicht mehr gestreckt werden. Sie stand daher weit hinter der Größe zurück, welche sie bei völliger Streckung erreicht haben würde. Solche Kopfkapseln sind nicht gewertet.

In Abb. 11 ist die Kopfkapselgröße *normaler* Raupen letzten Stadiums, ferner die Kopfkapselgröße, welche die Versuchstiere bei der Operation und nach der folgenden Häutung zur Mischform aufwiesen, kurvenmäßig dargestellt. Aus den Kurvenverläufen, Mittelwertslagen und Fehlerspielräumen geht zunächst hervor, daß sich die Versuchstiere bei der Operation im letzten Raupenstadium befanden. Weiter ergibt sich, daß *die Kopfkapselgröße durch die Häutung zu raupenähnlicheren Mischformen eine Zunahme erfährt.*

Die mit der Häutung zur Mischform verbundene Größenzunahme der Kopfkapsel ist relativ gering. Sie gleicht fast der Größenzunahme, welche durch die an Stelle der Puppenhäutung stattfindende überzählige Raupenhäutung erreicht wird (vgl. dazu die nachstehende Abb. 11 mit Abb. 5 bei PIEPHO 1940). Hier wie dort liegt die Ursache darin, daß sowohl die raupenähnlicheren Mischformen als auch die überzählig gehäuteten Raupen ein abgekürztes letztes Raupenstadium durchliefen, in welchem sie nur wenig heranwachsen konnten. In den früher durchgeführten Versuchen gingen die überzählig gehäuteten Raupen wieder ans Futter und wuchsen zu einer Größe heran, welche bei normalen Raupen letzten Raupenstadiums selten zur Beobachtung kommt. Das gleiche wurde in den jetzt durchgeführten Versuchen beobachtet. Es war danach nicht unwahrscheinlich, daß auch die sehr raupenähnlichen Mischformen, deren Mundteile ja den Raupenmundteilen glichen oder sehr ähnlich waren, noch Nahrung aufzunehmen und heranzuwachsen vermöchten. Tatsächlich konnten solche Mischformen ans Futter gehen

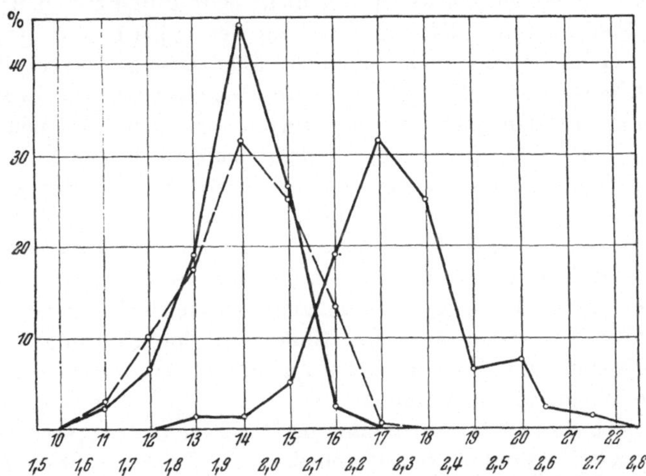

Abb. 11. Die Kopfkapselgröße der Versuchstiere (ausgedrückt durch die größte Kopfkapselbreite) bei der Operation und nach der folgenden Häutung zur Mischform. Im Vergleich dazu die Kopfkapselgröße normaler Raupen letzten Stadiums. Gestrichelte Kurve: Normale Tiere im letzten Raupenstadium; M ± 3 m = 14,09 ± 0,30, n = 150. Linke ausgezogene Kurve: Versuchstiere bei der Operation; M ± 3 m = 13,93 ± 0,33, n = 80. Rechte ausgezogene Kurve: Versuchstiere nach der ersten Häutung zur Mischform; M ± 3 m = 17,39 ± 0,42, n = 80. Abszisse: Kopfkapsel-Größenklassen und deren Grenzwerte in mm. Ordinate: % Tiere.

und an Gesamtgröße zunehmen. Indessen war die Größenzunahme gering; zahlenmäßig wurde sie noch nicht erfaßt. Die puppenähnlicheren Mischformen konnten der Beschaffenheit ihrer Mundteile wegen nicht fressen.

2. *Der Charakter der weiteren Häutungen.* In den früheren Versuchen hatten die Wirtstiere, welche sich anstatt zu Puppen zu typischen Raupen häuteten, folgendes weitere Schicksal: Während des ersten überzähligen Raupenstadiums wuchsen sie zu übernormaler Größe heran; ein Teil von ihnen starb, ein anderer häutete sich zur typischen Puppe, um sich dann zum Falter zu entwickeln, ein dritter Teil aber machte eine zweite überzählige, typische Raupenhäutung durch. Während des dadurch erreichten zweiten überzähligen Raupenstadiums wuchsen die Raupen weiter; wiederum starb eine Anzahl von ihnen ab. Die restlichen Raupen aber häuteten sich zu außerordentlich großen Puppen und entwickelten sich zu Faltern von entsprechender Größe. Jene anderen Versuchstiere, welche ihr letztes Raupenstadium anstatt mit einer Häutung zur Puppe

mit einer Häutung zur Mischform beendeten, hatten weiterhin folgendes Schicksal: Ein Teil von ihnen starb während des ersten Mischformstadiums ab, ein anderer häutete sich abermals zur Mischform, um im zweiten Mischformstadium mit wenigen Ausnahmen zugrunde zu gehen. Zwei Tiere nur gelangten zu einer weiteren Häutung. Diese war in einem Falle wiederum eine Häutung zur Mischform, nach welcher das Tier abstarb, im anderen eine Häutung zur typischen Puppe (Piepho 1940). Es war seinerzeit wegen des nicht sehr umfangreichen Materials und des Fehlens einer Klasseneinteilung der typisch und atypisch gehäuteten Versuchstiere nicht möglich, über den Charakter ihrer aufeinanderfolgenden Häutungen genauere Angaben als die vorstehenden zu machen. In den jetzt durchgeführten Versuchen wurden, wie geschildert, neben Versuchstieren, welche sich nach der Operation zu typischen Puppen, Puppen mit einer Einsprengung von Raupenkutikula und typischen Raupen häuteten, in *sehr großer Anzahl* Mischformen erhalten, welche lückenlos zwischen der Raupe und der Puppe vermittelten. Alle diese Individuen konnten nun vermittels der Klasseneinteilung nach jeder ihrer Häutungen klassifiziert werden. Als Ergebnis dieser Klassenzuweisung kann jetzt der Charakter der Häutungen über die auf die Implantation folgende Häutung hinaus an Hand der Tabelle 3 vergleichend betrachtet werden.

Wenn sich die Wirtsraupen nach der Operation zu typischen Puppen (Kl 0) häuteten, so entwickelten sich diese zu Faltern weiter. Häuteten sich die Versuchstiere nach der Implantation zu Puppen mit einer Einsprengung von Raupenkutikula (Kl 1), so entwickelten sie sich zwar zu Schmetterlingen, starben aber oft vor dem Schlüpfen ab.

Wirte, welche sich auf die Implantation hin zu sehr puppenähnlichen Mischformen (Kl 2) häuteten, überlebten diese Häutung meist nur kurze Zeit.

Fand nach der Implantation eine Häutung zu recht puppenähnlichen Mischformen (Kl 3) statt, so hatten die Versuchstiere fast alle das gleiche Schicksal. Nur in einem von 25 Fällen machte das Wirtstier nach der ersten Häutung zur Mischform der Klasse 3 eine zweite Häutung durch, aus der es wiederum als Mischform der Klasse 3 hervorging. Danach starb es.

Häuteten sich aber die Wirtstiere auf die Implantation hin zu den schon recht raupenähnlichen Mischformen der Klasse 4, so ging nach dieser Häutung nur etwas über die Hälfte von ihnen zugrunde. Die restlichen Individuen häuteten sich zum zweitenmal. Durch diese zweite Häutung wurden sie zu typischen Puppen (Kl 0), welche sich imaginal entwickeln konnten, zu Puppen mit einer Einsprengung von Raupenhaut (Kl 1), welche gleichfalls eine Imaginalentwicklung durchmachen konnten oder abermals zu Mischformen. Von diesen Mischformen gehörte der größte Teil wiederum der Klasse 4, der kleinere Teil den Klassen 3, 2 und 1 an. Alle Angehörigen der Klassen 3, 2 und 1, sowie der größte Teil derjenigen der Klasse 4 starben ab. Einige wenige

Tabelle 3. Anzahl und Charakter der aufeinanderfolgenden Wirtshäutungen nach Einpflanzung dreier Implantate in Wirte letzten Raupenstadiums.

	Klasse	An-zahl	Häuten sich noch-mals	Klassenzugehörigkeit nach der 2. auf die Implantation folgenden Häutung						
				0	1	2	3	4	5	6
Typische Puppe . . .	0	7	—	—	—	—	—	—	—	—
Puppe mit einer Einsprengung von Raupenhaut.	1	22	—	—	—	—	—	—	—	—
Mischformen von Raupe und Puppe	2	23	—	—	—	—	—	—	—	—
	3	25	1	—	—	—	1	—	—	—
	4	53	22	7	1	4	1	9	—	—
	5	26	13	9	—	—	—	—	4	—
Typische Raupe . . .	6	90	67	29	5	1	1	—	—	31

(Row-label group at left: Klassenzugehörigkeit nach der 1. auf die Implantation folgenden Häutung)

	Klasse	An-zahl	Häuten sich noch-mals	Klassenzugehörigkeit nach der 3. auf die Implantation folgenden Häutung						
				0	1	2	3	4	5	6
Typische Puppe . . .	0	45	—	—	—	—	—	—	—	—
Puppe mit einer Einsprengung von Raupenhaut.	1	6	—	—	—	—	—	—	—	—
Mischformen von Raupe und Puppe	2	5	—	—	—	—	—	—	—	—
	3	3	—	—	—	—	—	—	—	—
	4	9	3	2	1	—	—	—	—	—
	5	4	2	2	—	—	—	—	—	—
Typische Raupe . . .	6	31	18	16	—	—	—	—	—	2

(Row-label group at left: Klassenzugehörigkeit nach der 2. auf die Implantation folgenden Häutung)

Mischformen der Klasse 4 aber häuteten sich ein weiteres Mal. Aus dieser dritten auf die Implantation folgenden Häutung gingen sie als typische Puppe (Kl 0), welche sich imaginal entwickelte, oder als Puppe mit einer Einsprengung von Raupenkutikula (Kl 1), welche abstarb, hervor.

Machten die Versuchstiere auf die Implantation hin eine Häutung zu den schon sehr raupenähnlichen Mischformen der Klasse 5 durch, so starben sie nach derselben nur noch zur Hälfte. Die Überlebenden häuteten sich nochmals, und zwar zu typischen Puppen (Kl 0), oder wiederum zu Mischformen der Klasse 5. (Es beruht sicher nur auf einem Zufall, daß nicht auch hier Häutungen zu Mischformen der Klassen 4, 3, 2 und 1 erfolgten.) Während sich die typischen Puppen imaginal entwickelten, starb der größte Teil der Mischformen ab. Der Rest häutete sich zum drittenmal, und zwar zu typischen Puppen (Kl 0). Diese konnten sich in Richtung auf den Falterzustand entwickeln.

Häuteten sich die Versuchstiere nach der Implantation zu typischen Raupen (Kl 6), so gingen sie nach dieser Häutung nur noch in einem recht geringen Prozentsatz zugrunde. Die Überlebenden häuteten sich in großer Anzahl zu typischen Puppen (Kl 0), welche dann Falter lieferten; in einem geringen Hundertsatz häuteten sie sich zu Puppen mit einer Einsprengung von Raupenkutikula (Kl 1), welche gleichfalls Falter liefern konnten, und zu puppenähnlichen Mischformen (Kl 2 und 3), welche bald abstarben. Ein anderer großer Teil machte abermals eine Häutung zur typischen Raupe (Kl 6) durch. Von diesen letzteren Individuen starb etwa die Hälfte ohne eine weitere Häutung, die übrigen häuteten sich größtenteils zu Puppen (Kl 0), welche Falter ergaben, in einigen Fällen aber nochmals zu typischen Raupen (Kl 6), welche sich dann verpuppten und zu Faltern wurden.

Es können also die Versuchstiere, welche sich anstatt zur Puppe zur Raupe oder mindestens recht raupenähnlichen Mischform gehäutet haben, über weitere Häutungen zur Raupe oder mindestens recht raupenähnlichen Mischform schließlich das Puppenstadium erreichen, nicht aber über Häutungen zu Mischformen, welche dem Puppenzustand schon weiter angenähert sind. Der Grund für die letztere Tatsache liegt darin, daß puppenähnlichere Mischformen keiner Häutung mehr fähig sind. Demzufolge erreichen auch Versuchsraupen, welche sich anstatt zur Puppe sofort zur wenig raupenähnlichen Mischform häuten, um sich dann durch einen weiteren Häutungsschritt zu einer noch puppenähnlicheren Mischform dem Puppenzustand weiter zu nähern, gleichfalls das Puppenstadium nicht.

Für die aus Mischformen entstehenden Puppen ist oben eine „imaginale Entwicklung" oder eine „Entwicklung in imaginaler Richtung" angegeben. Eine Aussage darüber, ob diese Puppen auch *lebensfähige* Falter liefern, wurde nicht gemacht. Der Grund dafür liegt in dem fast regelmäßigen Absterben der Tiere noch vor Beendigung der Imaginalentwicklung. Nur in 4 Fällen wurden lebende Schmetterlinge erhalten. Es handelt sich dabei um Versuchstiere, welche sich nach der Operation zunächst zu sehr raupenähnlichen Mischformen (Klasse 5), danach zu typischen Puppen gehäutet hatten.

Früher wurde gefunden, daß die Kopfkapseln durch die Häutung zum *zweiten* überzähligen Raupenstadium größer werden. Allerdings ist ihre Größenzunahme gering. Die Ursache liegt in der Kürze des ersten überzähligen Raupenstadiums und dem geringen Heranwachsen der Raupen während desselben. In den jetzt durchgeführten Versuchen ließ sich dieser Befund bestätigen und für ein drittes überzähliges Raupenstadium erweitern.

Auch durch die Häutung zum zweiten Mischformstadium erfahren die Kopfkapseln eine Vergrößerung. Auf ihre kurvenmäßige Darstellung wurde verzichtet, da die Kopfkapseln der 15 Mischformen der Klassen 5,

4 und 3, welche das zweite Mischformstadium erreichten, zum Teil nicht vollkommen gestreckt waren (vgl. S. 564). Die Kopfkapseln des zweiten Mischformstadiums waren nicht sehr viel größer als jene des ersten Mischformstadiums. Hier dürfte die Ursache außer in der Kürze des ersten Mischformstadiums in einer besonders geringen Nahrungsaufnahme während desselben liegen.

B. Die Wirkung der Corpora allata verschiedener Entwicklungsabschnitte nach Implantation in erwachsene Raupen letzten Stadiums.

In den bisherigen Versuchen wurde nur für Implantate aus Spendern drittletzten und vorletzten Raupenstadiums eine Abgabe des Corpora allata-Wirkstoffs nachgewiesen. Es war aber für weitere Fragen der Physiologie der Puppenhäutung und der Raupenhäutungen wichtig zu wissen, ob auch implantierte Corpora allata anderer postembryonaler Entwicklungsstadien und der Falter den Wirkstoff abgeben. Es wurden daher Implantate, welchen Corpora allata anhingen, von Angehörigen verschiedener Stadien hergestellt und erwachsenen Raupen, welche kurz zuvor mit dem Spinnen des Puppenkokons begonnen hatten, ins hintere Abdomen implantiert. Im ersten Versuch dienten Eiräupchen als Implantatspender. Eiräupchen sind eben aus dem Ei geschlüpfte Larven, welche noch kein Futter aufgenommen haben. Der Winzigkeit der Spenderraupen wegen war es unmöglich, die Gehirne mit ihren Anhangsorganen herauszupräparieren. Aus diesem Grunde mußten die Köpfe samt dem Thorax, durch den sich bei Eiraupen (nach SCHRADERS Untersuchungen an *Ephestia*) das Gehirn erstreckt, abgeschnitten und implantiert werden. Infolge der Kleinheit der Spender war von einem einzigen Implantat höchstens eine sehr geringe Wirkung zu erwarten. Es gelangten daher nach Vorversuchen immer 8 Vorderkörper von Eiräupchen gemeinsam zur Implantation. Das Resultat dieses Versuches ist mit den Ergebnissen der folgenden Experimente in Tabelle 4 vereinigt. Von 42 überlebenden Wirtsraupen häuteten sich 22 zu typischen Puppen, 18 zu Puppen mit einer Einsprengung von Raupenkutikula, 2 zu Mischformen von Raupe und Puppe. Im zweiten Versuch wurden die Implantate aus Spendern entnommen, welche ihrer Kopfkapselgröße nach das viertletzte Raupenstadium noch nicht erreicht hatten (vgl. PIEPHO 1940). Jetzt war es schon technisch möglich, den Spenderraupen das Gehirn samt den Postcerebralganglien und den Corpora allata, dem Unterschlundganglion und dem ersten Folgeganglion zu entnehmen. Die Implantate wurden immer zu dreien einer erwachsenen Raupe ins Abdomen eingesteckt. Von 47 Wirtsraupen, welche den Eingriff überlebten, häuteten sich 22 zu typischen Puppen, 15 zu Puppen mit einem Fleck Raupenkutikula, 10 zu Mischformen.

Im Anschluß hieran ist das Ergebnis eines älteren Versuchs (PIEPHO 1940) in die Tabelle 4 aufgenommen. Es kamen Implantate aus Raupen

Tabelle 4. Die Wirkung von Implantaten verschiedener Entwicklungsabschnitte nach ihrer Implantation in erwachsene Raupen.

| Spender | Anzahl der Implantate | Typische Puppe | | Puppe mit einer Einsprengung von Raupenkutikula | | Mischformen von Raupe und Puppe | | Anzahl der Tiere insgesamt |
		Anzahl der Tiere	in %	Anzahl der Tiere	in %	Anzahl der Tiere	in %	
Eiräupchen	8	22	52,4	18	42,9	2	4,7	42
Raupen vor dem viertletzten Stadium . .	3	22	46,8	15	31,9	10	21,3	47
Raupen im drittletzten und vorletzten Stadium	3	3	8,8	3	8,8	28	82,4	34
0—1	3	2	20,0	3	30,6	5	50,0	10
1—2	3	1	7,1	4	28,6	9	64,3	14
2—3	3	2	18,2	1	9,1	8	72,7	11
3—4	3	3	30,0	3	30,0	4	40,0	10
4—5	3	2	18,2	6	54,5	3	27,3	11
5—6	3	4	50,0	2	25,0	2	25,0	8
6—7	3	5	38,5	2	15,4	6	46,1	13
Erwachsene kokonspinnenden Raupen	3	2	12,5	—	—	14	87,5	16
Vorpuppen in dekritischen Periode	3	3	12,0	9	36,0	13	52,0	25
Vorpuppen nach der kritischen Periode	3	14	66,7	5	23,8	2	9,5	21
Falter	3	55	80,9	7	10,3	6	8,8	68
								330

(Die mit „0—1" bis „Vorpuppen nach der kritischen Periode" bezeichneten Zeilen sind unter „Raupen im letzten Stadium" zusammengefaßt.)

drittletzten und vorletzten Stadiums bei sonst gleicher Versuchsanordnung zur Einpflanzung. Von 34 Wirtsraupen häuteten sich 3 zu typischen Puppen, 3 zu Puppen mit einer lokalen Einsprengung von Raupenkutikula, 28 zu Mischformen. Die bisher geschilderten Versuche machen
es nun zwar wahrscheinlich, daß alle überlebenden Implantate, welche
vom Stadium des Eiräupchens an bis zum vorletzten Paupenstadium
entnommen werden, den Corpora allata-Wirkstoff schütten, indessen
beweisen sie es nicht. Es könnte sein, daß zu *irgendeinem Zeitpunkt*

während eines der Larvenstadien herauspräparierte Implantate den Wirkstoff nicht abgeben.

Nachdem Vorversuche ergeben hatten, daß auch während des letzten Raupenstadiums entnommene Implantate wirksam sind, wurde versucht, diese Möglichkeit wenigstens für das letzte Raupenstadium auszuschließen. Zu diesem Zweck kam ein vierter Versuch zur Durchführung. Es gelangten Implantate aus Spenderraupen, welche ihre Häutung zum letzten Raupenstadium 0—1, 1—2, 2—3, 3—4, 4—5, 5—6 oder 6—7 Tage zuvor durchgemacht hatten, zur Einpflanzung. In allen Einzelversuchen häuteten sich hernach die Wirtsraupen zu typischen Puppen, Puppen mit einer Einsprengung von Raupenkutikula oder Mischformen. Darauf wurden Implantate aus erwachsenen, kokonspinnenden Raupen verwendet. Die Wirtsraupen häuteten sich zu typischen Puppen oder Mischformen; Puppen mit einer Einsprengung von Raupenkutikula entstanden (sicherlich durch Zufall) nicht. Im Anschluß hieran wurden zunächst jüngere Vorpuppen, welche sich in der kritischen Periode der Puppenhäutung befanden, als Implantatspender verwendet. Wieder wurden die Tiere zu typischen Puppen, Puppen mit einer Einsprengung von Raupenkutikula und Mischformen. Gelangten schließlich Implantate aus älteren Vorpuppen, welche die kritische Periode schon hinter sich hatten, zur Verwendung, so häuteten sich die Wirte in entsprechender Weise. Das Ergebnis dieses Versuchs ist: Die in beliebigen Zeitabschnitten des letzten Raupenstadiums entnommenen Implantate geben nach Einpflanzung in erwachsene Raupen den Corpora allata-Wirkstoff ab.

Gehirne und ihre Anhangsorgane von älteren Vorpuppen lassen sich ihrer großen Weichheit halber, welche eine Folge der einsetzenden pupalen Umbildungsprozesse ist, nur schwer unverletzt herauspräparieren und implantieren. In viel höherem Maß gilt dieses für die entsprechenden Organe besonders der jüngeren Puppen. Es wurden deshalb keine Implantate aus Puppen auf die Abgabe des Wirkstoffs geprüft.

Im fünften Versuch dienten Falter als Implantatspender. Auch jetzt häuteten sich die Wirtsraupen zu typischen Puppen, Puppen mit einer Einsprengung von Raupenkutikula und Mischformen. In allen fünf Versuchen vollzog sich die Weiterentwicklung der Versuchstiere nach der auf die Implantation folgenden Häutung in der oben (S. 565ff.) geschilderten Weise. Zusammenfassend ergibt sich: Vorderkörper von Eiräupchen, sowie Gehirne nebst Postcerebralganglien und Corpora allata, Unterschlundganglion und folgendem Ganglion, entnommen aus Jungraupen vor dem viertletzten Stadium, Raupen drittletzten und vorletzten Stadiums, Raupen aller Zeitabschnitte des letzten Stadiums einschließlich des Vorpuppenstadiums und Faltern geben nach Implantation in erwachsene Raupen den Corpora allata-Wirkstoff ab. Dieses Resultat macht es wahrscheinlich, daß *alle überlebenden Implantate, gleichgültig, in welchen postembryonalen Stadien sie entnommen werden, nach Einpflanzung in erwachsene Raupen diesen Wirkstoff abgeben.*

Es erhebt sich die Frage, ob die in verschiedenen Lebensabschnitten aus den Spendern entnommene Implantate nach ihrer Einpflanzung in erwachsene Raupen verschieden starke Wirkungen entfalten, welche auf verschiedene Mengen abgegebenen Wirkstoffs schließen lassen. Um hierüber begründete Aussagen machen zu können, müßten in Hinsicht auf die im einzelnen doch recht unterschiedlich starke Wirkung gleichalter Implantate bedeutend mehr Fälle in den Einzelversuchen vorhanden sein und eine statistische Betrachtung vorgenommen werden. Immerhin läßt die Tabelle 4 erkennen, daß die winzigen Eiräupchen-Implantate selbst in recht großer Anzahl nur eine geringe Wirkung entfalten, mithin, wie zu erwarten, nur eine geringe Wirkstoffmenge abgeben. Die Wirkung der aus Spendern, welche das viertletzte Raupenstadium noch nicht erreicht hatten, entnommenen Implantate ist schon wesentlich stärker als jene der Eiräupchen-Implantate. Daraus ist zu schließen, daß sie auch mehr Wirkstoff abgeben als jene. Sehr stark ist die Wirkung der im drittletzten und vorletzten Raupenstadium entnommenen Implantate. Sie erscheint sogar stärker als diejenige der im letzten Stadium entnommenen. Ob allerdings dieser Unterschied real ist und demzufolge verschiedene Wirkstoffmengen abgegeben werden, kann vorerst nicht entschieden werden. Überraschend gering ist die Wirkung der Implantate aus älteren Vorpuppen und Faltern. Sie dürfte auf der Abgabe einer geringen Wirkstoffmenge beruhen. Diese könnte aber dadurch zustande kommen, daß die im geweblichen Umbau begriffenen und demzufolge sehr weichen Implantate bei der Operation beschädigt und hernach vom Wirt ganz oder teilweise resorbiert werden. Ob auch intakte Implantate wenig Wirkstoff abgeben, kann wohl nur vermittels einer Statistik auf histologischer Grundlage entschieden werden.

In früheren Implantationsexperimenten mit Gehirnen und Corpora allata aus Raupen drittletzten und vorletzten Stadiums konnte, wie schon angegeben wurde, gezeigt werden, daß der Raupenhäutung auslösende Wirkstoff durch die Corpora allata, möglicherweise auch in sehr geringer Konzentration durch das Gehirn, das Unterschlundganglion oder das nächste Ganglion abgegeben wird. Es ist nun ganz unwahrscheinlich, daß die Wirkstoffabgabe bei verschieden alten Implantaten von verschiedenen Organen erfolgt. Abschließend kann daher gesagt werden: *Es ist wahrscheinlich, daß die Corpora allata nicht nur der geprüften, sondern aller postembryonaler Stadien nach Implantation in erwachsene Raupen den Wirkstoff abgeben, welche die Puppenhäutung zugunsten der Raupenhäutung hemmt.* Mit dieser Feststellung ist noch nichts darüber ausgesagt, ob die Corpora allata *auch in der Normalentwicklung* während des gesamten postembryonalen Lebens diesen Wirkstoff abgeben.

Während der Niederschrift dieser Arbeit veröffentlichte PFLUGFELDER die Ergebnisse neuer, an *Dixippus morosus* durchgeführter Untersuchungen. PFLUGFELDER konnte zwar larvale Wirte, denen die eigenen Corpora allata herausgenommen waren, durch Implantation älterer und jüngerer Corpora allata zu überzähligen Häutungen vorwiegend larvalen Charakters bringen, nicht aber durch Einpflanzung gleichalter Corpora allata. Hieraus läßt sich schließen, daß die Corpora allata nicht aller postembryonaler Stadien ein Inkret von gleicher Wirkung abgeben. Bei *Galleria* haben sich bisher keine Anhaltspunkte für eine solche Auffassung ergeben. Hier können vielmehr, wie geschildert, die mit Corpora allata versehenen Implantate aller geprüfter Entwicklungsstadien einschließlich der erwachsenen Raupe nach Implantation in erwachsene Raupen das gleiche bewirken, nämlich eine Häutung zur Puppe mit einer Einsprengung von Raupenkutikula oder eine Häutung zur Mischform von Raupe und Puppe. Gleichwohl wurde in

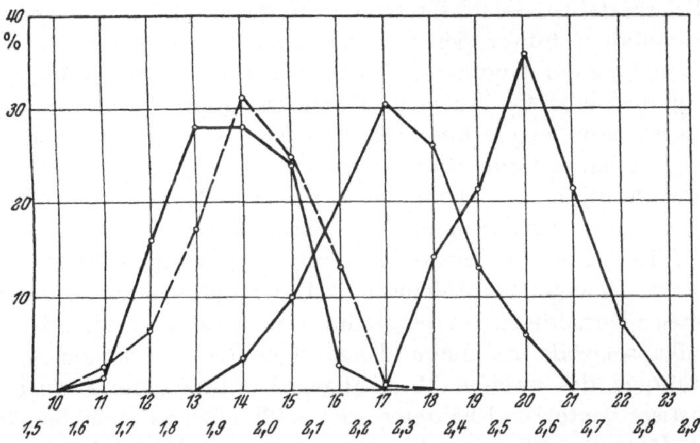

Abb. 12. Die Kopfkapselgröße der mit gleichalten Implantaten versehenen Versuchstiere bei der Operation und nach der ersten und zweiten überzähligen Raupenhäutung. Im Vergleich dazu die Kopfkapselgröße normaler Raupen letzten Stadiums. Gestrichelte Kurve: Normale Tiere letzten Raupenstadiums; $M \pm 3\,m = 14{,}09 \pm 0{,}30$, $n = 150$. Linke ausgezogene Kurve: Versuchstiere bei der Operation; $M \pm 3\,m = 13{,}65 \pm 0{,}42$, $n = 75$. Mittlere ausgezogene Kurve: Versuchstiere nach der ersten überzähligen Raupenhäutung; $M \pm 3\,m = 17{,}29 \pm 0{,}51$, $n = 69$. Rechte ausgezogene Kurve: Versuchstiere nach der zweiten überzähligen Raupenhäutung; $M \pm 3\,m = 19{,}86 \pm 0{,}87$, $n = 14$. Abszisse: Kopfkapsel-Größenklassen und deren Grenzwerte in mm. Ordinate: % Tiere.

Hinsicht auf die Befunde an *Dixippus* versucht, bei *Galleria* durch Einpflanzung gleichalter Implantate *auch noch völlig typische, überzählige Raupenhäutungen zu erzielen.*

Als Wirte wurden dazu Raupen gewählt, welche ihrer Kopfkapselgröße nach die Häutung zum letzten Raupenstadium 0—24 Std. zuvor durchgemacht hatten. In Abb. 12 ist die Kopfkapselgröße, welche die Wirte bei der Operation aufwiesen, kurvenmäßig mit der Kopfkapselgröße normaler Raupen letzten Stadiums verglichen. Die geringe Verschiedenheit in den Kurvenlagen ist statistisch nicht gesichert. Als Spender der Implantate, welche wieder aus Gehirn, Unterschlundganglion, folgendem Ganglion, Postcerebralganglien und Corpora allata bestanden, und in Dreizahl zur Einpflanzung kamen, wurden Larven verwendet, welche gleichfalls ihre Häutung zum letzten Raupenstadium 0—24 Std. hinter sich hatten. Auf eine Kurvendarstellung der Kopfkapselgröße der Spenderraupen wurde verzichtet. Von den 75 überlebenden

Wirtsraupen häuteten sich 2 nach der Implantation zu typischen Puppen, eine weitere ging aus der Häutung, welche auf die Operation folgte, als Puppe mit einer Einsprengung von Raupenhaut hervor, drei andere Wirtsraupen häuteten sich zu äußerst raupenähnlichen Mischformen. Die große Mehrzahl der Wirtsraupen, es handelt sich um 69 Individuen, machte anstatt der Häutung zur Puppe eine Häutung zur völlig typischen Raupe durch. Die Kopfkapselgröße, welche durch diese erste überzählige Raupenhäutung erreicht wurde, ist in Kurvenabb. 12 dargestellt. Sie bleibt (wiederum wegen der Kürze des letzten Raupenstadiums) hinter der Erwartung zurück, welche sich aus der Größenzunahme der Kopfkapsel normaler Raupen während der späteren Raupenstadien ergibt. Gegen die Kopfkapselgröße des letzten Raupenstadiums ist sie indessen statistisch gesichert. Während des ersten überzähligen Raupenstadiums wuchsen die Raupen weiter. Der größte Teil von ihnen häutete sich dann zur typischen Puppe, einige Tiere zur Puppe mit einer Einsprengung von Raupenkutikula oder zur Mischform. 14 Tiere aber beschlossen ihr erstes überzähliges Raupenstadium mit einer typischen Raupenhäutung. Die Kopfkapselgröße, welche sie im zweiten überzähligen Raupenstadium aufwiesen, ist statistisch gegen die Kopfkapselgröße des ersten überzähligen Raupenstadiums gesichert. Auch während des zweiten überzähligen Raupenstadiums wuchsen die Versuchstiere weiter und häuteten sich schließlich zu typischen Puppen oder zu Puppen mit einer Einsprengung von Raupenkutikula. Die weitere Entwicklung vollzog sich in der schon bekannten Weise. Dieses Versuchsergebnis entspricht dem, welches durch Einpflanzung von Implantaten aus Spendern drittletzten und vorletzten Raupenstadiums in Wirte, welche 0—24 Std. zuvor ihre Häutung zum letzten Raupenstadium durchgemacht hatten, erhalten worden war (vgl. Tabelle 1).

Ein Unterschied liegt nur darin, daß sich jetzt nach der Implantation einige Wirtsraupen zu typischen Puppen oder Puppen mit einer Einsprengung von Raupenkutikula häuteten. In den letzteren Fällen müssen also die Implantate wirkungslos geblieben sein. Dieser geringe Unterschied im Versuchsergebnis erklärt sich wohl daraus, daß der erste Versuch vom Verfasser, der zweite von einer technischen Assistentin durchgeführt wurde.

Bei Galleria geben also Implantate, welche im Beginn des letzten Raupenstadiums entnommen und gleichalten Wirtsraupen implantiert werden, den gleichen Corpora allata-Wirkstoff wie jüngere Implantate ab.

Besprechung der Ergebnisse.

Die mitgeteilten Befunde sind nun im Zusammenhang mit den einschlägigen früheren Ergebnissen über die Entwicklungsphysiologie der Puppenhäutung bei Lepidopteren zu besprechen. Die Arbeiten von CASPARI u. PLAGGE (1935), KÜHN u. PIEPHO (1936, 1938), PLAGGE (1938), BOUNHIOL (1938), PIEPHO (1939), BECKER u. PLAGGE (1939), FUKUDA (1940a) und BECKER (1941) wurden schon in der Einleitung erwähnt. Aus diesen Untersuchungen geht hervor, daß die Hypodermis der Schmetterlingslarve während einer kritischen Periode im letzten Raupenstadium durch ein Wirkstoffsystem des Gehirns oder der Prothorakodrüse endgültig zur Puppenhäutung bestimmt wird.

BOUNHIOL (1938) stellte an erwachsenen Raupen des *Seidenspinners* mit Hilfe von Schnürungsexperimenten fest, daß die Hypodermis verschiedener Körperbereiche ihre kritische Periode kurz nacheinander durchläuft. Aus den an erwachsenen *Mehlmotten-* und *Wachsmotten*-Larven von KÜHN u. PIEPHO (1938) durchgeführten Schnürungsversuchen läßt sich Entsprechendes schließen. Hier konnte nämlich vermittels Durchschnürung von Larven, welche sich in verschiedenen Abschnitten der kritischen Periode befanden, der Zustrom des Wirkstoffsystems der Puppenhäutung in die hinteren Körperabschnitte sistiert werden. Auf diese Weise wurden Versuchstiere erhalten, deren Körper cephal der Ligatur das volle Quantum, caudal dagegen eine verminderte Menge der Wirkstoffe der Puppenhäutung erhielten. Die Vorderkörper machten daraufhin eine völlig typische Puppenhäutung durch. In den Hinterkörpern dagegen liefen in bestimmten besonders empfindlichen dorsalen bis lateralen Hypodermisbezirken nur Teilprozesse der Puppenhäutung oder einigermaßen typische bis völlig typische Puppenhäutungen ab, andere, weniger empfindliche Hypodermisbezirke zeigten nicht die geringste Andeutung einer Puppenhäutung. Aus dieser „Teilverpuppung" der abgeschnürten Hinterkörper läßt sich unter anderem schließen, daß auch im Normalgeschehen bestimmte empfindliche Hypodermisbezirke schon in früheren Zeitabschnitten der kritischen Periode auf noch geringe Mengen der Wirkstoffe der Puppenhäutung mit einer Determination zur Puppenhäutung reagieren, als andere weniger empfindliche Hypodermisbereiche. Die kritische Periode der Puppenhäutung umfaßt demnach einen Zeitraum, in welchem die gesamte Hypodermis in ihren einzelnen Bezirken kurz nacheinander auf das Wirkstoffsystem der Puppenhäutung mit einer endgültigen Determination zur Puppenhäutung reagiert.

Später wurde bei *Galleria* festgestellt, daß die Häutung zur Puppe zugunsten der Raupenhäutung gehemmt wird, wenn der Wirkstoff implantierter jüngerer Corpora allata bis zur kritischen Periode der Puppenhäutung zur Wirkung gelangt. Erfolgt die Implantation der Corpora allata und damit der Beginn ihrer Wirkstoffabgabe schon am Ende des vorletzten oder am Anfang des letzten Raupenstadiums, so häuten sich die Wirte anstatt zu Puppen zu typischen Raupen. In diesem Falle findet also unter totaler Hemmung der Puppenhäutung typische Raupenhäutung statt. Findet dagegen die Einpflanzung der Corpora allata erst gegen Ende des letzten Raupenstadiums kurz vor der kritischen Periode statt, so häuten sich die Wirtsraupen höchstens noch zu Mischformen von Raupe und Puppe, nicht mehr zu typischen Raupen. Die Hemmung der Puppenhäutung zugunsten der Raupenhäutung ist also in diesem Falle höchstens noch eine partielle. Es ließ sich wahrscheinlich machen, daß diese unterschiedlich starke Hemmung der Puppenhäutung nicht auf verschieden lange Wirkungszeiten der Implantate und damit auf verschieden große Mengen ihres Wirkstoffs zurückgeht. Sie beruht vielmehr wahrscheinlich darauf, daß die Larve am Ende des vorletzten und am Anfang des letzten Raupenstadiums noch nicht in Richtung auf die Puppenhäutung determiniert ist, wohl aber gegen Ende des letzten Raupenstadiums vor jener kritischen Periode, während derer sich die endgültige Determination der Hypodermis zur Puppenhäutung vollzieht (PIEPHO 1940). Die in der jetzigen Arbeit vorgelegten Befunde bestätigen und erweitern die 1940 erhaltenen Ergebnisse. Das Gesamtresultat ist das folgende: Wird eine bestimmte Anzahl Corpora allata in Wirtsraupen implantiert, welche am Ende des vorletzten oder ganz am Anfang des letzten Raupenstadiums stehen, so häuten sich die Wirte anstatt zu Puppen wiederum zu Raupen. Die morphogenetische Wirkung der implantierten Corpora allata ist also eine totale. Wird die gleiche Anzahl Corpora allata in immer ältere Wirtsraupen eingeführt, so machen die Wirte immer seltener typische Raupenhäutungen durch, immer häufiger aber Häutungen zu fortschreitend puppenähnlicheren Mischformen. Die Wirkung der Implantate ist also in diesem Versuch immer seltener eine totale, immer häufiger eine partielle. Die frühere Auffassung über die Ursache dieser Abnahme in der morphogenetischen Wirkung einer gleichen Anzahl implantierter Corpora allata bestätigte sich. Die Wirkungsabnahme liegt tatsächlich nicht in einer bei fortschreitend späterer Implantation immer geringeren Wirkungsdauer der Implantate, welche eine ständige Verringerung der Gesamtmenge abgegebenen Corpora allata-Wirkstoffs verursachen müßte. Die Wirkungsdauer und demzufolge die Wirkstoffabgabe einer bestimmten Anzahl Corpora allata ist vielmehr nach Implantation in allen Zeitabschnitten des letzten Raupenstadiums statistisch betrachtet gleich! Es nimmt also die Wirkung einer bestimmten Menge des Corpora allata-Wirkstoffs ab, wenn sie im Wirtsorganismus immer später während des letzten Raupenstadiums zur Abgabe kommt. Diese Tatsache kann nur auf einer ganz im Beginn des letzten Raupenstadiums einsetzenden und allmählich sich verstärkenden Determination der Wirtsraupe zur Puppenhäutung beruhen, einer Determination, welche während der kritischen Periode der Puppenhäutung in der Hypodermis eine endgültige wird. Oben wurde nun angegeben, daß die endgültige Determination der Hypodermis zur Puppenhäutung, welche sich während der kritischen Periode vollzieht, durch ein Wirkstoffsystem vollzogen wird. Hiernach liegt es sehr nahe, anzunehmen, daß die vor der kritischen Periode allmählich sich vollziehende Determination der Raupe zur Puppenhäutung auf den gleichen Faktor, also ebenfalls auf das Wirkstoffsystem der Puppenhäutung zurückgeht. Nach dieser Vorstellung setzt ganz im Anfang des letzten Raupenstadiums die Abgabe von Wirkstoffen der Puppenhäutung und damit die Determination der Raupe zur Puppenhäutung ein. Im Verlauf des letzten Raupenstadiums nimmt mit fortschreitender Wirkstoffabgabe die Wirkstoffmenge im Körper allmählich zu. Dadurch verstärkt sich fortschreitend die Determination der Raupe zur Puppenhäutung. Während der kritischen Periode wird schließlich eine Wirkstoffkonzentration erreicht, bei welcher die Hypodermis mit der endgültigen Determination zur Puppenhäutung reagiert.

Vielleicht wird im Normalgeschehen während des letzten Raupenstadiums von den wirtseigenen Corpora allata-Wirkstoff abgegeben (vgl. S. 570 f). In diesem Falle vermag indessen der Wirkstoff (vielleicht infolge zu geringer Konzentration) die Puppenhäutung nicht im geringsten zugunsten der Raupenhäutung zu hemmen. Es ist sogar möglich, daß dem Corpora allata-Wirkstoff, falls er wirklich in dem letzten Raupenstadium vorhanden sein sollte, während dieser Zeit keine Bedeutung zukommt. Die Corpora allata können nämlich während des letzten Raupenstadiums ohne erkennbare Folgen entfernt werden (BOUNHIOL 1937, KIN 1939 [zit. nach FUKUDA 1940b], FUKUDA 1940b, PIEPHO 1940).

Im Zusammenhang mit dieser Auffassung über die normale Physiologie der Puppenhäutung ergibt sich folgende Vorstellung über die Häutungsphysiologie der mit implantierten Corpora allata versehenen Raupen: Bei den Wirtsraupen ist der Charakter jener Häutung, welche an Stelle der Puppenhäutung stattfindet, von dem Mengenverhältnis des Wirkstoffsystems der Puppenhäutung und des von den implantierten (vielleicht auch von den wirtseigenen) Corpora allata abgegebenen Wirkstoffs, sowie von der Reaktionsweise der Hypodermisbezirke auf die Komponenten des jeweils vorhandenen gesamten Wirkstoffsystems abhängig. Im einzelnen stellen sich nach dieser Auffassung die Verhältnisse folgendermaßen dar: Beginnt die Abgabe einer bestimmten Menge Corpora allata-Wirkstoffs durch eine bestimmte Anzahl von Implantaten in den Wirtsraupen am Ende des vorletzten oder am Anfang des letzten Raupenstadiums, also kurz vor oder etwa gleichzeitig mit der Abgabe der Wirkstoffe der Puppenhäutung, so stellt sich ein starkes Übergewicht des Corpora allata-Wirkstoffs über das Wirkstoffsystem der Puppenhäutung ein. Auf ein solches Verhältnis der Wirkstoffe reagiert die Hypodermis mit einer sowohl in Hinsicht auf die Formbildungen als auch die kutikularen Strukturen völlig typischen Raupenhäutung. Setzt in den Wirtsraupen die Abgabe der gleichen Menge Corpora allata-Wirkstoffs etwas später als die Abgabe der Wirkstoffe der Puppenhäutung ein, so entwickelt sich ein etwas weniger starkes Übergewicht des ersteren Wirkstoffes über den letzteren. In solchen Fällen reagieren lediglich einige für das Wirkstoffsystem der Puppenhäutung besonders empfindliche Bezirke der Antennen mit einer Häutung zu einem der Form- und Strukturbildung nach schwach puppenmäßigen Zustand. Andere, weniger empfindliche antennale Bezirke und die gesamte übrige Hypodermis antworten mit einer Häutung zum typisch larvalen Zustand. Insgesamt betrachtet häutet sich die Wirtsraupe zu einer sehr raupenähnlichen Mischform. Setzt die Abgabe stets der gleichen Menge Corpora allata-Wirkstoffs in immer fortgeschritteneren Abschnitten des letzten Raupenstadiums, also immer verspäteter gegenüber dem Beginn der Abgabe des pupalen Wirkstoffsystems ein, so verschiebt sich das Wirkstoffverhältnis immer mehr zugunsten der Wirkstoffe der Puppenhäutung. Im Zusammenhang damit reagieren in bestimmter Reihenfolge immer ausgedehntere Hypodermisbezirke mit einer Häutung zum typisch oder annähernd pupalen Zustand, immer beschränktere mit einer Häutung zum typisch oder annähernd larvalen Zustand. Im ganzen gesehen häuten sich die Wirtsraupen zu immer puppenähnlicheren Mischformen. Beginnt schließlich die Abgabe des gleichen Quantums Corpora allata-Wirkstoffs erst kurz vor der kritischen Periode der Puppenhäutung, so resultiert ein starkes Übergewicht der Wirkstoffe der Puppenhäutung über den Corpora allata-Wirkstoff. In vielen Fällen spricht jetzt die gesamte Hypodermis mit einer Häutung zum typisch pupalen Zustand an. Nur im Bereich des Implantationsorts antwortet die regenerierte, für den Corpora allata-Wirkstoff besonders empfindliche Hypodermis mit einer Häutung zum typisch larvalen Zustand: Die Wirtsraupen häuten sich zu Puppen mit einer Einsprengung von Raupenkutikula.

Wenn die Vorstellung richtig ist, daß bei den Wirtsraupen der Charakter der auf die Implantation folgenden Häutung von dem Mengenverhältnis des Wirkstoffsystems der Puppenhäutung und des Corpora allata-Wirkstoffs, sowie von der Reaktionsweise der einzelnen Hypodermisbezirke auf die Komponenten des gesamten Wirkstoffsystems abhängt, so muß sich durch Implantation in irgendeinem späteren Abschnitt des letzten Raupenstadiums durch Verminderung oder Vermehrung der implantierten Corpora allata das gesamte Wirkstoffsystem zugunsten oder ungunsten der Wirkstoffe der Puppenhäutung verschieben und damit der Charakter der folgenden Häutung modifizieren lassen. Dieser Versuch wurde durchgeführt. Es kamen kurz vor der kritischen Periode im Stadium der erwachsenen, kokonspinnenden Raupe 1, 3, 5—7 oder 10—12 Gehirne nebst ihren Corpora allata zur Einpflanzung. Tatsächlich häuteten sich in jedem Einzelversuch die Versuchstiere zu puppenähnlicheren Individuen. Allerdings war es nicht einmal durch Einpflanzung von 10—12 Implantaten und die dadurch erfolgende starke Vermehrung des Corpora allata-Wirkstoffs möglich, das Wirkstoffsystem der Puppenhäutung soweit zurückzudrängen, daß eine Häutung zur typischen Raupe erfolgen konnte (PIEPHO 1940).

Die Versuchstiere, welche sich anstatt zu Puppen zu Raupen oder mindestens recht raupenähnlichen Mischformen häuten, können sich nun aber, wie oben ausführlich dargelegt wurde, durch weitere Häutungen zur Raupe oder recht raupenähnlichen Mischform schrittweise dem Puppenzustand nähern und ihn auch gelegentlich erreichen. Es kann angenommen werden, daß jede Häutung, welche die Versuchstiere nach der Implantation unternehmen, den „Versuch einer Puppenhäutung“ darstellt. Jeder derartige Versuch wird, wenn er „mißglückt“, d. h. als Häutung zur Raupe oder Mischform abläuft, wenn möglich, wiederholt. Die Raupen- oder Mischformstadien, welche durch diese „Versuche der Puppenhäutung“ abgeschlossen werden, können daher als letzte Raupenstadien aufgefaßt werden. Nach der über die Physiologie des letzten Raupenstadiums entwickelten Auffassung setzt im Beginn jedes dieser Stadien die Abgabe von Wirkstoffen der Puppenhäutung durch das Gehirn oder die Prothoraxdrüse und damit die Determination zur Puppenhäutung ein. Gleichzeitig kann aber von den Implantaten weiterhin Corpora allata-Wirkstoff geschüttet werden. Währenddessen nimmt das Versuchstier Futter auf und wächst weiter heran. Je nach der Zusammensetzung des gesamten sich einstellenden Wirkstoffsystems reagiert schließlich die Hypodermis in der bekannten Weise mit einer Häutung zur typischen Raupe, zur Mischform, zur Puppe mit einer Einsprengung von Raupenkutikula oder zur typischen Puppe. Da nun die Menge des von den Corpora allata abgegebenen Wirkstoffs mit der Zeit gleichmäßig oder ungleichmäßig abnehmen wird, so wird sich von Häutung zu Häutung das Wirkstoffverhältnis gleichmäßig oder ungleichmäßig zugunsten der Wirkstoffe der Puppenhäutung verschieben. Demzufolge nehmen die aufeinanderfolgenden Häutungen den oben beschriebenen Charakter an.

Die hier entwickelte Vorstellung ist vor allem mit biochemischen Methoden, wie sie von BECKER und PLAGGE (1939) und BECKER (1941) entwickelt wurden, zu prüfen. Es dürften aber auch die Untersuchungen über die Entwicklungsphysiologie der Raupenhäutungen, welche eben im Gange sind (FUKUDA 1940b, Verf. unveröffentlicht), Möglichkeiten zu ihrer Prüfung bieten.

Ausführlich wurde dargelegt, daß die Mischformen von Raupe und Puppe nichts anderes als metatele Individuen sind. Fast stets sind von den Autoren an die Beschreibung metateler Insekten phylogenetische Betrachtungen geknüpft worden. Nachdem nunmehr vor allem die Versuche an der Wanze *Rhodnius prolixus* (WIGGLESWORTH), an der Stabheuschrecke *Dixippus morosus* (PFLUGFELDER) und die Experimente an der Wachsmotte *Galleria mellonella* Einblicke in die physiologischen Grundlagen der Metatelie bei heterometabolen und holometabolen Insekten vermittelt haben, eröffnet sich die Möglichkeit, den im Zusammenhang mit dem Metatelieproblem immer wieder aufgeworfenen Fragen mit experimentellen Methoden nachzugehen. Einige Wege mögen angedeutet sein. Es konnte, wie geschildert, durch die Einführung des formbildenden Corpora allata-Wirkstoffs gegen Ende des letzten Raupenstadiums das gesamte Wirkstoffsystem der Larven verändert und dadurch auch Häutungen zu äußerst puppenähnlichen Mischformen erzwungen werden. Diese Mischformen können ihrer typisch oder fast typisch pupalen, freien Anhänge wegen als freie Puppen bezeichnet werden. Die experimentell erzeugten freien Puppen von *Galleria* erinnern an die Pupae liberae der niedersten Schmetterlinge *(Micropterygiden* und *Eriocraniiden)*. Die Ähnlichkeit wird noch dadurch erhöht, daß sowohl die freien Puppen von *Galleria* als auch die Pupae liberae der primitivsten Schmetterlinge Mandibeln von larvaler Form besitzen. Ein morphologisch-physiologischer Vergleich würde Aufschlüsse darüber geben können, ob die gestaltliche Ähnlichkeit der freien Puppe von *Galleria* und der Pupa libera der niedersten Schmetterlinge auf ähnlicher physiologischer Grundlage beruht. Es würde sich mit anderen Worten prüfen lassen, ob das Wirkstoffsystem, welches sich bei den niedersten Lepidopteren auf genotypischer Grundlage einstellt, bei höheren Lepidopteren durch Zuführung des Corpora allata-Wirkstoffs nachgeahmt werden kann. Es liegt auf der Hand, daß solche Untersuchungen von Bedeutung für unsere Ansichten über die genetisch-entwicklungsphysiologischen Grundlagen der Phylogenie innerhalb der Ordnung der Lepidopteren sein können.

Die Untersuchungen an *Galleria* können weiterhin für Arbeiten wichtig werden, welche, über die Lepidopteren hinausgreifend, sich mit der Entstehung der Holometabolie befassen. Ist es doch bei der Wachsmotte gelungen, durch Einführung des Wirkstoffs der Corpora allata in frühen Abschnitten des letzten Raupenstadiums den holometabolen Entwicklungstypus, welcher durch eine einzige Häutung vom larvalen zum ganz andersartigen pupalen Zustand gekennzeichnet ist, in einen Entwicklungsmodus abzuwandeln, welcher auf Grund der allmählich vom larvalen zum pupalen Zustand überleitenden Häutungen deutlich heterometabole Züge trägt. Auch hier kann vielleicht ein morphologisch-physiologischer Vergleich ergeben, ob die bei der holometabolen *Galleria* experimentell erzeugte unvollständige Verwandlung auf ähnlichen physiologischen Grundlagen beruht wie die Heterometabolie bei den Heterometabolen. Die Möglichkeit gerade eines solchen Vergleichs dürfte in Hinsicht auf die schon genannten Untersuchungen von WIGGLESWORTH und PFLUGFELDER sowie die Arbeiten von BECKER u. PLAGGE und BECKER in nicht zu ferner Zeit gegeben sein. Falls sich dabei herausstellen sollte, daß die Wirkstoffsysteme, welche bei den Heterometabolen und Holometabolen die Häutungen auslösen, sich in den relativen Anteilen eines Wirkstoffsystems der Imaginalhäutung bzw. Puppenhäutung und eines diese Häutungen zugunsten von Larvenhäutungen hemmenden Corpora allata-Wirkstoffs unterscheiden, würde eine phylogenetisch wichtige Erkenntnis gewonnen sein. Es macht nämlich in Hinsicht auf die in den letzten Jahren vor allem an *Ephestia* und *Drosophila* durchgeführten genetisch entwicklungsphysiologischen Untersuchungen keine Schwierigkeit, sich vorzustellen, daß relativ geringfügige Änderungen in solchen Systemen formbildender Wirkstoffe, welche die Entwicklungsweise tiefgreifend beeinflussen, durch die uns bekannten Mechanismen der Abänderung eines Genotypus verursacht werden können.

Zusammenfassung.

Die Corpora allata von Raupen drittletzten und vorletzten Stadiums geben einen Wirkstoff ab, welcher die Puppenhäutung im morphogenetischen Sinne zugunsten der Raupenhäutung hemmt. Werden solche Corpora allata, zusammen mit den nervösen Corpora cardiaca oder im Zusammenhang mit dem Gehirnkomplex, in Raupen letzten Stadiums implantiert, so bewirken sie in vielen Fällen, daß sich die Wirte anstatt zu Puppen zu Mischformen häuten, welche die verschiedensten Stufen zwischen dem larvalen und pupalen Zustand besetzen können. In Hinsicht auf die große Verschiedenheit in der Gestalt der larvalen und pupalen Mundteile werden zunächst die Mundteile bei der Raupe, der Puppe und den Mischformen vergleichend morphologisch betrachtet. Diese Untersuchung ergibt, daß sich die einzelnen Mundteile der Mischformen auf Grund der relativen Stärke ihrer larvalen und pupalen Merkmale lückenlos zu Reihen ordnen lassen, welche zwischen der larvalen und pupalen Ausbildung der Mundteile vermitteln. Das gleiche gilt für die Augenbildungen, Antennen, Thorakalbeine, Afterfüße, Nachschieber und Flügel der Mischformen. Die Untersuchung der Mischformen ergibt weiter, daß weder sämtliche Differenzierungen des einzelnen Organs, noch sämtliche betrachteten Organe des Individuums im gleichen Abstand zwischen der larvalen und pupalen Ausprägung stehen, sondern ihrerseits verschiedene Stufen besetzen.

Es wird eine Klasseneinteilung angegeben, welche es ermöglichte, die Versuchstiere nach jeder Häutung zu klassifizieren. Die spontan entstandenen, verschiedenen Lepidopterenarten angehörigen Mischformen von Raupe und Puppe, welche in der Literatur als prothetele oder metatele Individuen beschrieben sind, ähneln bestimmten, experimentell bei *Galleria* erzeugten Mischformen so sehr, daß auf gleiche physiologische Grundlagen der Entstehung geschlossen werden muß.

Anschließend werden die Ergebnisse neuer Implantationsexperimente mitgeteilt. Eine bestimmte Anzahl von Gehirnkomplexen mit anhängenden Corpora allata aus Raupen drittletzten und vorletzten Stadiums bewirkt nach Einpflanzung in Raupen, welche ganz im Anfang des letzten Raupenstadiums stehen, vermittels eines Wirkstoffs der Corpora allata, daß sich die Wirte fast sämtlich anstatt zu Puppen zu typischen Raupen häuten. Bei Implantation in immer späteren Zeitabschnitten des letzten Stadiums nimmt die Wirkung der Implantate allmählich ab: Die Wirtsraupen häuten sich immer seltener zu Raupen, immer häufiger zu fortschreitend puppenähnlicheren Mischformen. Da die Implantate, gleichgültig, wann sie während des letzten Raupenstadiums eingepflanzt werden, den Eintritt einer Häutung nach einem im Mittel gleichen Zeitraum verursachen, liegt ihre Wirkungsabnahme bei fortschreitend späterer Implantation nicht in einer fortschreitend verringerten Wirkungsdauer und demzufolge verringerten Wirkstoffabgabe. Die Wirkungsabnahme beruht vielmehr auf einer im Beginn des letzten Raupenstadiums einsetzenden und sich bis zur kritischen Periode der Puppenhäutung verstärkenden Determination der Wirtsraupe zur Puppenhäutung.

Die Versuchstiere, welche sich nach der Implantation zu Raupen
oder einigermaßen raupenähnlichen Mischformen gehäutet haben,
können noch weitere Häutungen durchmachen. An Hand der Klasseneinteilung wird der Charakter der aufeinanderfolgenden Häutungen
untersucht. Es ergibt sich, daß sich die Versuchstiere über Häutungen
zu Mischformen dem Puppenzustand schrittweise nähern und ihn erreichen können.

Im Anschluß hieran wird untersucht, ob der Corpora allata-Wirkstoff, welcher die Puppenhäutung zugunsten der Raupenhäutung
hemmt, auch von Implantaten aus Spendern abgegeben wird, welche
sich nicht im vorletzten oder drittletzten Raupenstadium befinden.
Da eine Wirkstoffabgabe für Implantate von Eiräupchen, Raupen
vor Erreichung des viertletzten Stadiums, Raupen aller Abschnitte
des letzten Stadiums einschließlich des Vorpuppenstadiums und Faltern
nachgewiesen wird, ist es wahrscheinlich, daß die Corpora allata sämtlicher postembryonaler Stadien nach Implantation in erwachsene Raupen
den Wirkstoff abgeben.

In der Besprechung der Ergebnisse werden die physiologischen
Grundlagen der Häutung zur Puppe und der Häutung zu Mischformen im Zusammenhang mit der einschlägigen Literatur erörtert.
Es wird die Vorstellung entwickelt, daß die zu Beginn des letzten
Raupenstadiums einsetzende und sich bis zur kritischen Periode
allmählich verstärkende Determination der Raupe zur Puppenhäutung
durch eine allmähliche Zunahme der Wirkstoffe der Puppenhäutung
im Körper bewirkt wird. Im Rahmen dieser Vorstellung werden die
Häutungen zu Mischformen auf das experimentell veränderte Verhältnis des Wirkstoffsystems der Puppenhäutung und des Corpora allata-
Wirkstoffs zurückgeführt. Der spezielle Charakter jeder Häutung zur
Mischform ist von dem Mengenverhältnis des Wirkstoffsystems der
Puppenhäutung und des Corpora allata-Wirkstoffs, sowie von der Reaktion der Hypodermisbezirke auf die Komponenten des jeweils vorhandenen gesamten Wirkstoffsystems abhängig.

Schriftenverzeichnis.

Arendsen Hein, S. A.: Technical experiences in the breeding of *Tenebrio molitor.*
Proc. Akad. Wetensch. Amsterd. **23.** — **Becker, E.:** Über Versuche zur Anreicherung des Wirkstoffs der Puparisierung. Biol. Zbl. **59** (1941). — **Becker, E.**
u. **E. Plagge:** Über das Pupariumbildung auslösende Hormon bei Fliegen. Biol.
Zbl. **59** (1939). — **Berlese, A.:** Gli Insetti, Milano 1909 u. später. — **Du Bois, A. H.**
u. **R. Geigy:** Beiträge zur Ökologie, Fortpflanzung und Metamorphose von *Sialis
lutaria.* Rev. Suisse Zool. Genéve **42** (1935). — **Bounhiol, J. J.:** La métamorphose des insectes serait inhibée dans leur jeune âge par les corpora allata.
C. r. Soc. Biol. Paris **126** (1937). — Recherches expérimentales sur le déterminisme de la métamorphose chez les lépidoptères. Bull. biol. France et Belg.
(Suppl.) **24** (1938). — **Busselmann, A.:** Bau und Entwicklung der Raupenocellen
der Mehlmotte Ephestia kuehniella Zeller. Z. Morph. u. Ökol. Tiere **29** (1934). —

Caspari, E. u. **E. Plagge:** Versuche zur Physiologie der Verpuppung von Schmetterlingsraupen. Naturwiss. **23** (1935). — **Engel, H.:** Vergleichend morphologische Studien über die Mundgliedmaßen von Schmetterlingsraupen. Z. Morph. u. Ökol. Tiere **9** (1927). — **Fukuda, S.:** Induction of pupation in silkworm by transplanting the prothoracic gland. Proc. imp. Acad. Tokyo **16** (1940a). — Hormonal control of moulting and pupation in the silkworm. Proc. imp. Acad. Tokyo **16** (1940b). — **Goldschmidt, R.:** Einige Materialien zur Theorie der abgestimmten Reaktionsgeschwindigkeiten. Roux' Arch. **98** (1923). — **Köhler, W.:** Die Entwicklung der Flügel bei der Mehlmotte *Ephestia kuehniella* Zeller mit besonderer Berücksichtigung des Flügelmusters. Z. Morph. u. Ökol. Tiere **24** (1932). — **Kolbe, H. J.:** Über vorschnelle Entwicklung (Prothetelie) von Puppen- und Imago-Organen bei Lepidopteren- und Coleopteren-Larven, nebst Beschreibung einer abnormen Raupe des Kiefernspinners, *Dendrolimus pini* L. Allg. Z. Entomol. **8** (1903). — **Kopeč, St.:** Studies on the necessity of the brain for the inception of insekt metamorphosis. Biol. Bull. Mar. biol. Labor. Woods Hole **42** (1922). — **Kühn, A.** u. **H. Piepho:** Über hormonelle Wirkungen bei der Verpuppung der Schmetterlinge. Nachr. Ges. Wiss. Göttingen, Biol. **2** (1936). — Die Reaktion der Hypodermis und der Versonschen Drüsen auf das Verpuppungshormon bei *Ephestia kuehniella* Z. Biol. Zbl. **58** (1938). — **Lengerken, H. v.:** Prothetelie bei Coleopterenlarven (Metatelie). Zool. Anz. **59** (1924). — **Majoli, C.:** Straordinario fenomeno di anticipato transformazione in farfella del verme da seta. Giorn. fis. chem. etc. del regna ital. **5** (1813). — **Paul, H.:** Transplantation und Regeneration der Flügel zur Untersuchung der Formbildung bei einem Schmetterling mit Geschlechtsdimorphismus, *Orgyia antiqua* L. Roux' Arch. **136** (1937). — **Pflugfelder, O.:** Wechselwirkung von Drüsen innerer Sekretion bei *Dixippus morosus* Br. Z. Zool. **152** (1939). — Austausch verschieden alter Corpora allata bei Dixippus morosus Br. Z. Zool. **153** (1940). — **Piepho, H.:** Wachstum und totale Metamorphose an Hautimplantaten bei der Wachsmotte *Galleria mellonella* L. Biol. Zbl. **58** (1938a). — Über die Auslösung der Raupenhäutung, Verpuppung und Imaginalentwicklung an Hautimplantaten von Schmetterlingen. Biol. Zbl. **58** (1938b). — Über den Determinationszustand der Vorpuppenhypodermis bei der Wachsmotte *Galleria mellonella* L. Biol. Zbl. **59** (1939). — Über die Hemmung der Verpuppung durch Corpora allata. Untersuchungen an der Wachsmotte *Galleria mellonella* L. Biol. Zbl. **60** (1940). — **Plagge, E.:** Weitere Untersuchungen über das Verpuppungshormon bei Schmetterlingen. Biol. Zbl. **58** (1938). — **Schrader, K.:** Untersuchungen über die Normalentwicklung des Gehirns und Gehirntransplantationen bei der Mehlmotte *Ephestia kuehniella* Zeller nebst einigen Bemerkungen über das Corpus allatum. Biol. Zbl. **58** (1938). — **Schulze, P.:** Über nachlaufende Entwicklung (Hysterotelie) einzelner Organe bei Schmetterlingen. Arch. Naturgesch. **88** (1922). **Seidel, Fr.:** Entwicklungsphysiologie. Fortschr. Zool., N. F. **4** (1939). — **Singh-Pruthi, H.:** Studies on insect metamorphosis I. Prothetelie in mealworms (*Tenebrio molitor*) and other insects. Effects of differential temperatures. Proc. Cambridge philos. Soc. **1** (1924). — **Strickland, E. H.:** Some parasites of Simulium larvae and their effects on the development of the host. Biol. Bull. Mar. biol. Labor. Wood's Hole **11** (1911). — **Weber, H.:** Lehrbuch der Entomologie. Jena 1933. — **Wigglesworth, V. B.:** The physiology of ecdysis in *Rhodnius prolixus* (Hemiptera) II. Factors controlling moulting and metamorphosis. Quart. J. microsc. Sci. **77** (1934). — The function of the corpus allatum in the growth and reproduction of Rhodnius prolixus (Hemiptera). Quart. J. microsc. Sci. **79** (1936). — Wound healing in an insect (*Rhodnius prolixus*) Hemiptera. J. of exper. Biol. **14** (1937).